10 IDEAS PARA QUE LA SEGURIDAD APESTE MENOS

ESCRITO POR

SAM GOODMAN

10 ideas para que la seguridad apeste menos

ISBN 9798851931437

Publicado por Pale Horse Media Co.

MÁS LIBROS DE SAM GOODMAN

"¡La seguridad apesta! La MIER* de la profesión de seguridad que no te cuentan". Primera edición. S. Goodman 2020

"Obscured: La búsqueda de la autoaceptación radical". S. Goodman 2020

"¡La seguridad apesta! La MIER* de la profesión de seguridad que no te cuentan". Segunda edición ampliada. S. Goodman 2021

"En Su Nombre". S. Goodman 2021

"La seguridad apesta: El Manifiesto". S. Goodman e I. Allison 2021

"¿WTFRM? Una reflexión sobre lo que es significativo para la seguridad en el trabajo". S. Goodman 2021

"El cuidado y la alimentación de los profesionales de la seguridad: Una breve guía para navegar por los peligros de la profesión de la seguridad". S. Goodman 2022

DEDICATORIA

A todas las personas que luchan
incansablemente por mejorar las cosas.
Están abriendo el camino.

Sam Goodman - "El Nerd del HOP"

UNA CHARLA RÁPIDA ANTES DE EMPEZAR

¡Bienvenido y gracias por comprar *10 ideas para que la seguridad apeste menos!* Significa mucho para mí que se haya gastado el dinero que tanto le ha costado ganar en un ejemplar de este libro. En este sentido, permítame comenzar diciendo que espero que encuentre valor en las siguientes páginas, que esta obra le inspire a salir y tratar de mejorar las cosas, a hacer que la seguridad apeste menos, que encuentre ideas prácticas y "factibles", y que cuando vuelva a poner este libro en la estantería o se lo regale a un amigo, sienta que ha sido un dinero bien gastado.

Un poco sobre mí

En este libro he entretejido fragmentos de mi experiencia personal como líder, practicante del HOP, empollón y miembro en general del "equipo humano". En lugar de vomitar mi autoadmiración por todas estas páginas explicándoles quién y qué soy, ofreciéndoles alguna lista jactanciosa de mis logros, permítanme primero extenderme sobre qué y quién no soy. No soy un gurú de la seguridad, ni un dios, ni un profeta, ni un experto. No soy el "gran conocedor de las cosas de seguridad". No tengo todas las respuestas ni poseo una cura milagrosa para todas sus fuentes de dolor en torno a la seguridad en el lugar de trabajo. Si eso es lo que buscaba cuando cogió este libro, mis disculpas, no lo encontrará aquí (ni en ningún otro sitio).

En el fondo, soy simplemente un profesional de la seguridad centrada en el ser humano, un fanático de la mejora y un convencido de que el trabajo no debería ser un asco, ni siquiera las cosas relacionadas con la seguridad. Dedico la mayor parte de mi tiempo y energía a esas cosas, estoy en la búsqueda constante de mejorar la seguridad. Incluso si eso significa pisotear algunas de nuestras creencias más sagradas sobre la seguridad, incluso si eso significa derribar algunas de nuestras vacas más sagradas en materia de seguridad.

Como me niego a someterme al actual panorama político de la seguridad, como me niego a acobardarme a la sombra de la "gran seguridad" y a tener miedo de poner en tela de juicio nuestras creencias más sagradas, como me repugna aceptar las cosas como siempre han sido, como me niego a pasar de puntillas por las ideologías sagradas de la seguridad -muchas de las cuales son herramientas horribles y dañinas de culpa y vergüenza-, como suelo exclamar "mierda de toro" cuando veo mierda de toro, recibo bastantes críticas. Algunos me han llamado provocador, imbécil, perturbador o frívolo... Todos ellos contienen algo de verdad. Pero son títulos que llevo con gusto; me dicen que voy por el buen camino. "Donde hay dolor, hay crecimiento..." Los puntos de dolor son puntos de partida, a menudo te llevan hacia la podredumbre que está enterrada muy por debajo de la superficie. Así que puede que me conozcas como un antihéroe, como un imbécil, o quizá como un villano, pero en realidad sólo soy un tipo con la misión de hacer que la seguridad apeste menos.

En el momento de la publicación de este artículo, llevo más de 15 años trabajando en el ámbito de la seguridad, y más de la mitad de ese tiempo me he dedicado a dirigir organizaciones en su camino hacia el Rendimiento Humano y Organizativo. Soy un profesional del Rendimiento Humano y Organizativo, lo que significa que pongo en práctica estos conceptos en la vida real, empezando primero con varias grandes organizaciones para las que trabajé directamente, y ahora centrándome principalmente en ayudar a otros en sus viajes hacia el HOP. Digo esto no para añadir una credibilidad indebida o no probada a este libro, preferiría que las ideas aquí contenidas se sostuvieran por sí mismas. Afirmo esto en un esfuerzo por expresar mi comprensión de los retos a los que nos enfrentamos a la hora de introducir cambios en el mundo real, en el mundo corporativo y en las grandes y lentas organizaciones que a menudo prefieren ir a la quiebra antes incluso de considerar el cambio.

He estado allí, he mirado a ese monstruo a la cara, y estoy aquí para decirle que es muy posible - aunque a menudo desafiante y frustrante - es posible.

Llegar a estas ideas

Me encontré escribiendo este libro después de años de enseñanza y consultoría sobre Rendimiento Humano y Organizativo (y seguridad). Además de los 5 *Principios del Desempeño Humano y Organizacional* que nos trajo Todd Conklin, y las otras enseñanzas clave de gente como Bob Edwards, Andrea Baker, Clive Lloyd, David Provan, Sidney Dekker, y muchos más - enseñanzas que están cosidas en el tejido de lo que a menudo nos referimos como HOP, *Seguridad Diferente*, o *Seguridad II* - estas diez ideas son algunas de las piezas clave que me he encontrado enseñando casi a diario durante los últimos años.

Estos 10 pensamientos e ideas son la culminación de cientos (si no miles) de horas dedicadas a hablar con profesionales, académicos, investigadores y pensadores de la seguridad en *The HOP Nerd Podcast*. Son producto de mis propios puntos de vista, pensamientos y opiniones sobre lo que es significativo para la seguridad en el trabajo. Son el resultado de años de experiencias vividas (buenas y malas) como profesional de la seguridad y del rendimiento humano y organizativo, probando cosas, experimentando y aprendiendo de quienes trabajan en sectores y organizaciones de alto riesgo.

Estas ideas y reflexiones han sido destiladas a partir de mis experiencias vividas. Experiencias de trabajo en organizaciones de seguridad tradicionales y de liderazgo a través de este cambio hacia una mejor seguridad, por años de ser un profesional de HOP, y por numerosas horas dedicadas a la enseñanza y consultoría para organizaciones en diversos puntos a lo largo de sus viajes de Rendimiento Humano y Organizacional.

¿Por qué diez ideas?

¿Por qué no seis? ¿Veintitrés? ¿Por qué no cuatro? Y así sucesivamente... La respuesta no es mítica o mágica, diez es simplemente donde me encuentro. Con cada año que pasa como profesional del Rendimiento Humano y Organizativo, después de formar parte de los viajes de múltiples organizaciones a lo largo del camino HOP, después de ser testigo de lo bueno, lo malo y lo feo en lo que se refiere a la creación de progreso en este espacio, estos son algunos de los elementos más impactantes en los que aquellos que buscan hacer mejor la seguridad deben pasar sus días centrándose. Estas son las cosas que nos atascan, las cosas no tan buenas a las que nos aferramos, las cosas increíbles que evitamos como la peste, y las piezas que -si las hacemos bien- nos impulsarán, crearán impulso y crearán mejoras en el camino. Estos pensamientos, ideas y conceptos son los cambios que debemos emprender como organizaciones a medida que avanzamos hacia la mejora de la seguridad, son las cosas que debemos frenar y dejar de hacer rápidamente, las cosas que debemos empezar a hacer rápidamente y los elementos en los que debemos centrarnos con locura para mejorar, si nuestra esperanza es crear entornos en los que el trabajo pueda ir bien.

Llamo a estos elementos "ideas" a propósito. A menudo, las organizaciones y los individuos buscamos programas rápidos y sencillos, guías paso a paso y productos estándar para solucionar los problemas que nos aquejan. El Desempeño Humano y Organizacional no es un accesorio, no es un programa, no es un "hágalo", y no es algo que usted pueda simplemente comprar de algún consultor caro y conectarlo a su organización. Desconfíe de quienes intenten decirle (o venderle) lo contrario. El Rendimiento Humano y Organizativo es un cambio en nuestros supuestos, es un cambio en nuestras creencias, es una nueva forma de pensar sobre cómo podemos mejorar el lugar de trabajo y, en definitiva, es pasar de ver a las personas como un problema que hay que gestionar a verlas como solucionadores de problemas. Este viaje no es fácil ni para los débiles de corazón, pero merece la pena cada gramo de trabajo, lucha y frustración a lo largo del camino.

Llamo a estos conceptos "ideas" en un esfuerzo por distanciar esta conversación de estos vendedores de aceite de serpiente que insisten en que hay "una manera correcta", siendo esa "manera correcta" su manera, por supuesto, de mejorar la seguridad en el trabajo. Llamo a estos conceptos "ideas" con la esperanza de que sean vistos más como puntos de partida, como áreas vitales de interés que merecen atención y una reflexión y exploración más profundas, y como las capas intermedias entre nuestros supuestos subyacentes, principios y los mundos laborales visibles y sentidos en los que operamos, en lugar de soluciones fáciles o programas que gestionar. Estas "ideas" son sólo eso, ideas. Ideas que, a partir de mi propia experiencia como profesional del rendimiento humano y organizativo, nos ayudan a acercarnos a una mejor seguridad.

Las diez ideas contenidas en este libro nacieron de años de aprendizaje (aprendizaje que continúa cada día) sobre los conceptos de

Desempeño Humano y Organizacional y Seguridad Diferente. Están construidas con *los 5 Principios del Desempeño Humano y Organizacional* (Conklin, 2019) y los principios de la *Seguridad Diferente* (Dekker, 2014) en su núcleo:

Los 5 principios del rendimiento humano y organizativo (Conklin, 2019)

1. El error es normal

2. La culpa no arregla nada

3. El aprendizaje es vital

4. El contexto determina el comportamiento

5. La respuesta es importante

Conceptos clave de la seguridad de forma diferente
(Dekker, 2014)

1. Los trabajadores no son el problema - Son los solucionadores de problemas.

2. No decimos a nuestras organizaciones lo que tienen que hacer - Les preguntamos lo que necesitan.

3. La seguridad no es la ausencia de accidentes, sino la presencia de capacidad.

Estas diez ideas fueron desarrolladas, perfeccionadas y destiladas a través del acoplamiento de estos conceptos y principios académicos y su aplicación en el mundo real - estas ideas surgieron de la práctica de HOP y Safety Differently. Dicho esto, este libro está orientado precisamente a eso, a dar vida al Rendimiento Humano y Organizativo dentro de su organización concreta.

He tratado de proporcionar tantos elementos del mundo real y "factibles" como me ha sido posible a lo largo de estas diez ideas, elementos tácticos que puedes recoger, llevar adelante y desarrollar en tu búsqueda de la mejora de la seguridad. He evitado deliberadamente ser demasiado prescriptivo, intentando evitar la simplificación excesiva y disuadir de estos insidiosos enfoques de "talla única" del rendimiento humano y organizativo y de la seguridad en el trabajo. Como he mencionado hasta la saciedad en mis trabajos anteriores, creo firmemente en el viejo dicho "hay un millón de formas correctas de hacer lo mismo". A menudo enuncio este concepto diciendo "hay más de una forma de despellejar a un gato". La intención de este libro no es prescribirle "las diez maneras correctas de despellejar a un gato", ni pretende ser una guía única para curar todos los problemas que pueda encontrar al despellejar gatos, ni debe ser visto como una hoja de control lineal para despellejar gatos.

Mi esperanza es que estas ideas, estas lecciones y estos aprendizajes que he recogido a lo largo del camino, sean de valor práctico para usted cuando se embarque (o continúe) en su viaje hacia el Rendimiento Humano y Organizativo. Espero que estas ideas le animen a profundizar más que nunca, que le lleven a explorar otros muchos trabajos relacionados con el Desempeño Humano y Organizativo y la Seguridad Diferente - los trabajos que ayudaron a formar mis propias ideas como profesional del HOP. Espero que este libro le anime a aprender, a crecer y a desafiar, que le dé algunas ideas, herramientas y un poco de confianza para salir y tratar de mejorar tu mundo laboral. Espero que este libro les despierte más curiosidad que nunca, que les anime a salir y probar estas ideas, y que les entusiasme el futuro potencial de sus organizaciones.

Un cambio en nuestra visión de las personas

Como profesional del HOP, y como voz dentro de la comunidad de práctica, a menudo se me pide que defina el Rendimiento Humano y Organizativo, que dé mi versión de un "discurso de ascensor", que proporcione una descripción rápida y clara del tema. Para mí, en el fondo, el Rendimiento Humano y Organizativo es un cambio fundamental en nuestra forma de ver a las personas. Se trata de dejar de ver a las personas como problemas que hay que gestionar y pasar a verlas como solucionadores de problemas. Aunque hay otros elementos vitales, el Rendimiento Humano y Organizativo consiste en partir de un lugar de confianza, aceptar el elemento humano de nuestros mundos laborales, comprender que las personas acuden al trabajo para hacer un buen trabajo y aprender constante y deliberadamente de los que hacen el trabajo real.

En nuestros enfoques tradicionales de la seguridad en el trabajo (y en la mayoría de las demás cosas), a menudo hemos partido de una posición de desconfianza hacia nuestros semejantes; hemos visto a las personas como la fuente de problemas y dolor dentro de nuestras organizaciones. Hemos visto a las personas como el último gran problema que hay que solucionar, como el último paso entre nosotros y la utopía de la seguridad. Hemos visto a las personas como el problema a solucionar, y buscamos solucionar problemas. Hemos construido sistemas de desconfianza a base de reglas interminables, controladas mediante mecanismos de vigilancia constante, supervisión y duros castigos para los infractores. Hemos intentado una y otra vez cumplir y castigar para alcanzar la excelencia en seguridad, pero nos ha fallado una y otra vez.

La desconfianza en nuestros semejantes no sólo ha sido la fuerza motriz de nuestros mediocres (en el mejor de los casos) planteamientos de la seguridad en el trabajo, sino que también ha sido un negativo perjudicial que ha infligido dolor y sufrimiento innecesarios a quienes sirven diligentemente a nuestras organizaciones. Esta desconfianza hacia nuestros semejantes y este deseo de castigar a los seres humanos "indignos de confianza" e "indiferentes" que consideramos causantes de nuestros problemas nos ha alejado de la seguridad, en lugar de acercarnos a ella. Ha dejado a nuestros trabajadores temerosos y desconfiados, desprovistos de la capacidad de ser honestos con la organización e incapaces de contar historias "reales" sobre cómo se desarrolla normalmente el trabajo, y ha dejado a nuestras organizaciones ciegas ante información y aprendizajes vitales.

Los principios y conceptos del Rendimiento Humano y Organizativo nos alejan de estas creencias erróneas y perjudiciales. En lugar de ver a las personas como el problema e intentar curar nuestros mundos laborales de sucesos y problemas tratando de curar a las personas de su humanidad, el HOP nos enseña a abrazar a nuestros semejantes, a diferir de su experiencia, a aprender de ellos, a tratar de comprender y a entender que su "saber hacer" y sus conocimientos son vitales para el éxito de nuestras organizaciones. Human and Organizational Performance nos enseña que el error es normal, que nadie elige equivocarse, que culpar no arregla nada y que culpar sólo nos aleja de los aprendizajes tan necesarios para mejorar. Permítanme que vuelva al punto clave: el Rendimiento Humano y Organizativo es un cambio fundamental en nuestra forma de ver a las personas: las personas son las que resuelven los problemas y debemos crear sistemas de confianza para que puedan hacerlo.

Uno de los primeros reproches que muchos líderes hacen al Desempeño Humano y Organizativo, sobre todo los que se sienten más cómodos con estilos de gestión de mando y control muy verticales, es que es "demasiado blando", "demasiado suave" o "demasiado blando", pero nada más lejos de la realidad. Como me dijo una vez un amigo íntimo, que es directivo de alto nivel en el sector de los servicios públicos: "El rendimiento humano y organizativo me permite escuchar lo crudo y lo real, que es lo que necesito para tomar mejores decisiones como líder". El Rendimiento Humano y Organizativo no consiste en ser blando o suave, sino en ir al grano y profundizar en conversaciones y aprendizajes "crudos y reales". No hay nada blando en que un empleado comparta contigo sus experiencias cercanas a la muerte. No hay nada blando en escuchar la historia de un trabajador que se amputó un dedo pero se vio obligado a elegir entre informar del suceso y obtener atención médica o buscar atención médica por su cuenta para poder conservar su puesto de trabajo. Los aprendizajes y conversaciones que el Desempeño Humano y Organizativo suscitará en su organización serán las conversaciones más crudas y reales que jamás haya experimentado.

¡Espero que disfruten del libro!

HACIENDO LAS MISMAS COSAS... UNA Y OTRA VEZ

Pero la seguridad parece estar en todas partes...

¿Está atascado? ¿Se siente perdido? ¿Sus enfoques actuales de la seguridad en el trabajo le están dejando frustrado y sin el rendimiento de seguridad de "categoría mundial" que una vez prometieron? ¿Qué diablos está pasando? ¿Cómo es posible? Está haciendo todo lo que uno podría imaginar en relación con la seguridad en el lugar de trabajo.

Ha redactado todos los procedimientos imaginables; ha redactado un reglamento más grueso que la Biblia. Incluso ha llegado a declarar que no se producirán lesiones ni accidentes. Tiene reuniones de seguridad obligatorias todos los días, y cada encuentro o reunión de la empresa requiere un "momento de seguridad" obligatorio. Incluso envía mensajes de seguridad diarios y boletines de seguridad semanales a sus empleados, ordenando que los líderes se tomen un tiempo para "retirarse" y leerlos en voz alta a sus equipos. Usted hace seguridad, ¡mucha seguridad!

Al entrar en su empresa, los empleados y los visitantes se darán cuenta inmediatamente de sus esfuerzos. Entre pancartas de seguridad, carteles, pegatinas, camisetas y gorras, la seguridad parece estar en todas partes. Tanto los empleados como los visitantes son recibidos con diversos relojes digitales, pantallas y contadores, cada uno de los cuales muestra los "días transcurridos desde" una lesión o algún otro suceso específico de "error humano". Ni siquiera los simples transeúntes pueden eludir o ignorar la presencia de la seguridad en su empresa: la gigantesca pantalla electrónica exterior (estratégicamente orientada hacia la autopista cercana) anuncia con orgullo *"2 millones de horas/hombre trabajadas sin ningún incidente registrable".* Incluso en la taza de café de la mañana, en la que bebes con orgullo de la taza de la empresa y cuya impresión anuncia al mundo *"¡CERO es posible!".* La seguridad parece estar siempre presente; un recordatorio constante de que no hay que ser tan tonto como para lesionarse en el trabajo.

Pero sigue habiendo lesiones. Ya no se trata de raspones, golpes, esguinces de espalda o picaduras de abeja, incluso los accidentes por alcance son cosa del pasado; hace años que libró a su organización de ese tipo de molestas incidencias: lleva 2 millones de horas/hombre (y sumando) sin una lesión registrable, como ya se ha mencionado. Las lesiones leves casi nunca se producen, pero de vez en cuando hay personas que resultan gravemente heridas o mueren. De vez en cuando alguien pierde un dedo, alguien se aplasta un brazo, alguien queda destrozado por una pieza del equipo, alguien queda horriblemente mutilado o alguien pierde la vida. Parece que los pequeños sucesos ya no ocurren en tu mundo laboral, pero las cosas grandes, malas y nada buenas siguen ocurriendo de vez en cuando. Ocurren inesperadamente, de la nada y sin previo aviso.

¿Cómo es posible? Usted ha llegado a cero, ha eliminado de su organización todos los sucesos de bajo nivel que su programa de seguridad (y la industria) enseña como causantes de muertes y mutilaciones industriales, ha exigido el cumplimiento de sus normas y procedimientos más sagrados, y actúa rápidamente para expulsar de su organización a aquellos empleados "inseguros" e "insolidarios" que no siguen estrictamente sus mandamientos más preciados. Y, cuando estos enfoques le fallan, se asegura de que lo está haciendo más duro, mejor y con más enfoque y rigor que nunca. Pero nada parece funcionar, nada mejora, y a menudo las cosas parecen empeorar.

La seguridad parece estar en todas partes; lo abarca todo y está siempre presente. Usted, junto con su equipo directivo, exige constantemente el cumplimiento de las normas y vigila a los trabajadores para asegurarse de que cumplen los requisitos establecidos. Con cada día que pasa y cada acontecimiento que se produce, usted aumenta el nivel de seguridad, y lo hace con mayor concentración y rigor. Pero por mucho que lo intente, por mucho esfuerzo que dedique a la seguridad, nada parece mejorar. ¿Y ahora qué?

Un punto de inflexión personal...

Adaptado de "WTFRM? Una reflexión sobre lo que es significativo para la seguridad en el trabajo".S. Goodman 2021

Hace unos años me encontré en una situación similar. Llevaba pocos años desempeñando un nuevo cargo como responsable de seguridad en una gran empresa contratista de mantenimiento y construcción que operaba en el sector de la generación nuclear comercial. Me sentía frustrado, cansado, cada vez más apático en mi papel de profesional de la seguridad, cada vez más nihilista respecto a nuestros enfoques comunes de la seguridad de los trabajadores, y cada vez más deprimido por el trato que solemos dar a las personas en nuestro mundo laboral. De hecho, me estaba preparando para abandonar por completo la profesión de la seguridad, junto con las industrias "centradas en la seguridad".

Este recuerdo específico o "punto de inflexión", que a menudo recuerdo con horror, comienza en un caluroso y ventoso día de verano típico de Arizona. El cielo estaba despejado y azul, sin una sola nube. Todavía puedo oír el murmullo de la multitud que me rodea, todavía puedo sentir el crujido de la grava bajo mis pies, todavía puedo recordar el aroma ahumado de la barbacoa chisporroteando en un ahumador cercano, y todavía puedo sentir el sudor chorreando por mi cara debido al sol caliente que caía sobre mi casco. Esta pesadilla despierta no había sido el resultado de un horrible suceso o tragedia en el lugar de trabajo; todo el mundo estaba sano y salvo. No se había producido una explosión ni un colapso, nadie había sido despedido ni se había arruinado su carrera, sino todo lo contrario. Este momento crucial y desgarrador nació de una celebración. Lo verdaderamente impactante de esta experiencia fue la toma de conciencia que la celebración sacó a la superficie, una toma de conciencia que me hizo cuestionarme casi todo.

No se había escatimado en gastos para esta gran fiesta. Se compraron y grabaron trofeos, se compraron miles de camisetas, se dio un cheque en blanco al servicio de catering, ejecutivos de empresas de todas partes acudieron al lugar e incluso contratamos a un DJ profesional para que "animara el cotarro" y "diera ese toque de fiesta". ¿Qué habíamos conseguido que fuera tan espectacular? ¿Qué podría haber dado lugar a una reunión tan grandiosa? Seguro que habíamos hecho algo GRANDE. Hicimos algo... bueno, supongo que la verdadera respuesta a "¿por qué?" está en lo que no hicimos.

Acabábamos de pasar un año sin una lesión registrable. Por fin habíamos alcanzado el más sagrado de los logros en materia de seguridad, por fin nos habíamos preocupado lo suficiente, por fin nos habíamos esforzado lo suficiente y por fin éramos lo suficientemente seguros como para llegar a CERO. Nuestro duro trabajo por fin había dado sus frutos y ahora estábamos cosechando las recompensas de entrar en la utopía de la seguridad. Habíamos construido un altar al cero, lo construimos a base de montones de "preocuparse más" y cubos llenos de "esforzarse más". Lo construimos sobre una base de palos, zanahorias y reglas de oro, y nuestro inquebrantable compromiso con nuestro dios Cero nos había conducido finalmente a la tierra prometida de la seguridad. Ahora podíamos repartir preciadas reliquias de seguridad, podíamos sacrificar cerdos para consumir su humeante y grasienta bondad, y podíamos hacerlo todo en nombre de Zero. Tras años de palo, por fin nos recompensaron con la zanahoria dorada.

Mientras me hacía la foto de grupo, sosteniendo un brillante trofeo dorado delante de la pancarta *"Excelencia en seguridad: CERO es posible"* con el resto del equipo directivo, me invadió el pavor y la vergüenza. Aunque en señal de protesta, allí estaba yo, sonriendo para las cámaras y sosteniendo una reliquia a nuestro dios de la seguridad, Cero. "Menudo espectáculo de mierda..." Recuerdo que pensé para mis adentros. En ese momento de mi carrera, acababa de conocer las ideas de la Seguridad Diferente. Después de años de frustración con los enfoques más tradicionales de la seguridad, un amigo me regaló un ejemplar de *Safety Differently de Sidney Dekker* en los meses anteriores a este acontecimiento. Ahora me encontraba en una búsqueda para aprender todo lo que pudiera sobre cómo mejorar la seguridad. Pero durante años, antes de descubrir las obras de Dekker, Conklin y muchos, muchos más, me habían adoctrinado en la seguridad tradicional.

Me crié en una cultura que veía la seguridad como un resultado que había que gestionar, como un accesorio "añadido" (cultura de seguridad) que se separaba de otros elementos de la cultura organizativa total, un entorno que veía las paradas y el aumento de la observación o la supervisión como una forma de gestionar a las personas y sus molestos comportamientos, un mundo laboral que creía firmemente que a través de este proceso de modificación del comportamiento de palo y zanahoria podríamos finalmente alcanzar el cero, y que una vez que el cero se hubiera alcanzado descubriríamos la iluminación de la seguridad.

Mientras yo recogía un premio por "reducir drásticamente los índices de incidentes", mientras los empleados estaban hasta arriba de carne de cerdo y costillas, mientras se regalaban camisetas y trofeos, mientras los ejecutivos besaban bebés y se daban la mano, mientras se pagaban jugosas primas y mientras todos nos inclinábamos y rezábamos a nuestro dios cero, un empleado sufrió una lesión que le cambió la vida en otro lugar de la empresa. ¿Cómo era posible? Habíamos llegado a cero, sólo habíamos tenido un pequeño puñado de pequeños rasguños y golpes, ¿cómo, cómo, cómo? Por supuesto, se culpó a ese puñado de primeros auxilios, por supuesto que se avergonzó y sancionó al empleado implicado, por supuesto que se exigió una mayor supervisión por parte de la dirección junto con palos más grandes y zanahorias más jugosas, por supuesto que la empresa optó por volver a insistir en las mismas cosas de seguridad tradicionales, rancias y casi inútiles, por supuesto. Pero renunciar ya no era una opción, tenía que mejorar las cosas. Recuerdo claramente mi pensamiento, un pensamiento que se ha convertido en una norma general para mi carrera y mi vida: "Haré todo lo que esté en mi mano para mejorar las cosas, o me despedirán intentándolo". Es un lema personal que sigo hasta hoy.

El viejo "probado y verdadero" me había fallado una vez más. Pero esta vez las cosas eran diferentes; yo estaba en una búsqueda para mejorar la seguridad. A medida que profundizaba más y más, a medida que aprendía y exploraba más, a medida que experimentaba e innovaba, a medida que trabajaba para implantar el Rendimiento Humano y Organizativo en varios lugares, a medida que escribía libros y empezaba podcasts, a medida que mantenía una conversación tras otra, me encontraba volviendo a una pregunta simple, pero extremadamente poderosa: "¿qué es lo que realmente importa?". ¿Qué es lo que importa? ¿Qué es lo que realmente importa mucho? De todas las cosas que buscamos tocar, impactar, manipular e influenciar, ¿qué es realmente importante? ¿Qué es basura y qué es tesoro? ¿Qué es un tesoro que nos hemos convencido de que es basura, y qué es basura que hemos pintado de oro y pretendemos que sea un tesoro? ¿Qué es oro de verdad y qué es oro de tontos? ¿Cuánto de lo que hacemos tiene sentido, cuánto carece de sentido y, lo que es peor, cuánto causa más daño que bien?

Aferrarnos a nuestras vacas sagradas

Habitualmente nos regimos por una regla general que dice: "mejoramos la seguridad haciendo más seguridad". Estoy casi seguro de que ha sentido esto en su entorno de trabajo particular. Estoy seguro de que ha sentido ese zumbido constante de preguntas en torno a "¿qué es lo próximo en seguridad?". Existe un deseo perpetuo de lo nuevo, de lo nuevo, de lo nuevo, pero hay un deseo igualmente parejo de no separarse nunca de lo viejo ni romper con el statu quo. La idea de dejar de hacer algo, de deshacerse de una norma o de un lema de seguridad, o incluso de sustituir algo por algo mejor, ¡es casi una blasfemia! Somos yonquis de la seguridad, adictos, y queremos más y más, pero sólo más de lo mismo. Para alimentar nuestra adicción, creamos constantemente más cosas inútiles para nuestros llamados sistemas de gestión de la seguridad: un procedimiento aquí y un programa allá, añadimos nuevas listas de comprobación y fichas de observación, y seguimos ampliando e hinchando las mismas cosas inútiles de siempre. Pero, ¿han funcionado? Aquí radica buena parte del problema: la seguridad tradicional ha funcionado bastante bien.

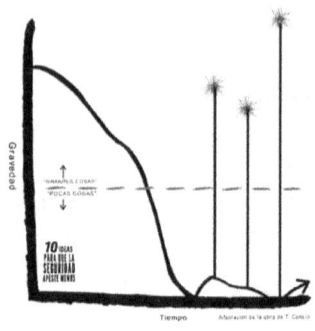

A lo largo de los años, nuestro empeño en evitar que ocurran cosas malas ha funcionado. Los enfoques más tradicionales de la seguridad de los trabajadores han funcionado lo suficientemente bien como para que nos neguemos a aprender y crecer más allá de ellos. Un examen rápido de los datos sobre lesiones y muertes en el trabajo suele mostrar un acusado descenso del número total de lesiones y muertes significativas a lo largo del tiempo. En muchas organizaciones, si no en la mayoría, las lesiones se han reducido de mutilaciones insoportables y muertes horribles a un puñado de golpes y arañazos, y las muertes y desmembramientos horribles ocurren ahora con mucha menos frecuencia (pero siguen siendo sorprendentemente constantes). Como mínimo, este tipo de sucesos se han convertido en rarezas para la mayoría de las empresas, horribles anomalías que se ocultan dentro de nuestro trabajo normal. Para añadir otra capa de complejidad a este problema, las fuentes de estos sucesos que ocurren raramente y tienen resultados extremadamente elevados a menudo sólo se hacen evidentes después de producirse. Si hubiéramos podido imaginarlo, habríamos hecho algo al respecto. Si hubiéramos podido imaginarlo, lo habríamos evitado o habríamos reducido la gravedad del suceso a niveles más aceptables. A menudo nos encontramos con una mezcla de sucesos poco frecuentes, como golpes y magulladuras, y sucesos extremadamente infrecuentes, como muertes o lesiones que alteran la vida. Así que tratamos de gestionar y manipular lo que creemos que podemos; tocamos lo que podemos ver. Intentamos eliminar los sucesos menores de nuestro mundo laboral con la esperanza de que, de algún modo, tengan un impacto preventivo en los sucesos más caóticos que se avecinan.

Hay unas cuantas "vacas sagradas" de la seguridad tradicional que son las probables culpables:

Todos los incidentes son evitables

Y...

Examinar de cerca y prevenir los pequeños incidentes nos permite predecir y prevenir los grandes incidentes en el horizonte

Entonces...

"Seguro" significa ausencia de sucesos negativos

Y, porque...

La mayoría de los sucesos son causados por "errores humanos"

Debemos centrarnos en el comportamiento humano porque...

Si la gente siguiera las normas, no pasaría nada malo.

Cuando la mierda acaba por hacer mella, en lugar de reflexionar honestamente sobre la eficacia de estas creencias tan arraigadas, nos empeñamos en hacerlas con más ahínco. Redactamos más normas, predicamos a la primera línea un sermón más severo sobre la necesidad de preocuparse más, medimos e incentivamos más, golpeamos a los empleados implicados por no seguir las normas lo suficiente, responsabilizamos a los profesionales de la seguridad y a los líderes por no predecir y prevenir o por no supervisar lo suficiente, e intentamos culpar y avergonzar a nuestra manera para lograr el éxito en materia de seguridad. ¿Acaso nos sorprende que no podamos lograr ningún cambio positivo significativo en nuestros lugares de trabajo? Seguimos aferrados a esas extrañas creencias de que mejoramos haciendo las mismas cosas con más ahínco, de que si por fin libramos a nuestras empresas de golpes y raspones dejaremos de matar gente, y de que si por fin curamos a la gente, todo irá bien.

La rueda de hámster de la locura de la seguridad

Como dijo Albert Einstein, *"la definición de locura es hacer las mismas cosas una y otra vez y esperar resultados diferentes"*. Nuestros deseos profundamente arraigados de comodidad, previsibilidad, inmovilidad y uniformidad, junto con nuestros temores paralizantes a la innovación, el cambio, la creatividad y la imprevisibilidad, han dado lugar a una locura de seguridad dentro de nuestros mundos laborales. Nos aferramos a este estado de locura como a una cálida manta de seguridad, aunque les cueste la vida a nuestros empleados.

¿Por qué? ¿Por qué persistimos en estas creencias aun sabiendo que son perjudiciales? En pocas palabras, se trata de dos motivadores básicos pero enormemente poderosos:

A primera vista, todo parece moralmente correcto.

Y

Es muy fácil

Si decimos algo así como "nadie debería resultar herido en el trabajo", es una afirmación bastante sólida desde el punto de vista moral. Ahora bien, cuando la mayoría de nosotros oímos una afirmación así, solemos pensar algo parecido a esto: "¡Sí, absolutamente! Nadie debería sufrir un suceso que altere su vida o morir simplemente intentando ganarse la vida". Pero eso no es lo que esta afirmación aparentemente positiva suele significar para la mayoría de las organizaciones. A menudo se lleva al extremo de decir: "¡Ni siquiera deberíamos tener golpes, magulladuras o arañazos! Debemos alcanzar el cero absoluto o apestamos en seguridad". ¿Por qué? Todos los caminos conducen a nuestras creencias subyacentes sobre lo que es la seguridad, cómo definimos "seguro" y cómo tratamos de influir en ella. Si creemos de verdad que a) *todos los incidentes se pueden prevenir* y b) *podemos evitar sucesos catastróficos gestionando y previniendo sucesos de nivel inferior, entonces todo esto tiene mucho sentido.*

Por desgracia, la vida no es tan fácil. Aunque estos dos puntos clave constituyen los cimientos de la mayoría de los programas tradicionales de gestión de la seguridad, son ilusiones casi de cuento de hadas que no hacen sino desviarnos y alejarnos de lo que realmente importa. Pero, si se toman al pie de la letra y no se examinan bajo la superficie, es fácil ver cómo nos inclinamos por estas ideas como moralmente superiores y las vemos como una forma súper fácil de enfocar la seguridad.

El problema es doble: *1) aunque estas ideas tradicionales siguen defraudándonos, insistimos en que acabarán funcionando con suficiente concentración y esfuerzo, y 2) han funcionado lo suficientemente bien como para que tengamos miedo o no estemos dispuestos a desprendernos de ellas.* Así es como nos encontramos atrapados en la rueda de hámster de la locura de la seguridad. Después de un suceso, ya sea un pequeño golpe o magulladura, o algo mucho peor, como un accidente laboral, rápidamente descubrimos pruebas que respaldan estas suposiciones y creencias. Rascamos la superficie con nuestros esfuerzos de investigación, desenterrando fácilmente numerosos "debería haber", "podría haber" y "habría podido", todos apuntándonos en la dirección de redoblar el uso de nuestros enfoques y tácticas tradicionales. Con facilidad descubrimos dónde una mayor supervisión podría haber permitido evitar el suceso, áreas en las que se infringieron las normas, errores cometidos por los empleados implicados, y así sucesivamente... Con los dones de la retrospectiva y los resultados conocidos en una mano, y nuestras suposiciones tradicionales sobre la seguridad en la otra, nos apresuramos a señalar cosas como: "Si hubieran seguido las normas con más rigor", "Si el responsable hubiera estado allí", "Si hubieran prestado más atención o hubieran sido más conscientes de los peligros", y lo peor de todo: "Si se hubieran preocupado más."

En lugar de cuestionar nuestras suposiciones sobre la seguridad y la validez de nuestros enfoques del trabajo de seguridad, en lugar de profundizar en los complejos sistemas sociotécnicos en los que se desarrolla el trabajo, en lugar de emprender un examen profundo y significativo del contexto que rodea el trabajo normal y el suceso, a menudo optamos por seguir por el camino de la locura de la seguridad: volvemos a hacer las mismas cosas de siempre en materia de seguridad, creyendo que si las hacemos más duro, mejor, más rápido y con más rigor que nunca, las cosas mejorarán por fin. Culpamos, avergonzamos, castigamos y reciclamos a nuestros empleados con mayor frecuencia. Controlamos, observamos y vigilamos a nuestros trabajadores más que nunca. Contamos, medimos y tendemos a extremos cada vez mayores. Lo hacemos todo, más y más de lo mismo, más y mejor que nunca, pero nada mejora realmente. Corremos y corremos todo lo que podemos en nuestra pequeña rueda de hámster de la locura de la seguridad, hasta que se rompe. Cuando por fin se rompe, trabajamos rápida y diligentemente para volver a dejarla como estaba y poder volver a subirnos a ella para otra vuelta. Una y otra vez, avería tras avería, decepción tras decepción, ahí estamos, dando otra vuelta de tuerca a nuestros enfoques tradicionales de la seguridad.

Vivimos el Día de la Marmota de la seguridad

El clásico de principios de los 90, protagonizado por el legendario Bill Murray, cuenta una historia inquietantemente familiar de dónde nos encontramos con nuestros enfoques de la seguridad en el trabajo. Phil (Murray), un hombre del tiempo, recibe de nuevo el encargo de informar sobre la fiesta del Día de la Marmota en Punxsutawney. Está bastante descontento con el encargo. Así que Phil pasa el día en Punxsutawney haciendo lo que la película da a entender que hace casi todos los años. Phil pasa el día burlándose de las festividades, menospreciando a la gente que participa en ellas y, en general, asumiendo que las celebraciones están por debajo de él. Una tormenta de nieve obliga a Phil a pasar otra noche en Punxsutawney. Por razones que la película deja sin explicar, Phil se despierta a la mañana siguiente y se da cuenta de que, una vez más, es 2 de febrero. Está condenado a repetir el día, atrapado en un bucle temporal de origen o duración desconocidos, hasta que, finalmente, es capaz de vivir un día de desinterés, de alegría, de amor y, por lo tanto, de abrirse paso hasta el 3 de febrero.

Aparte de la genialidad cinematográfica de la película y de la brillantez cómica de Bill Murray, ¿qué puede enseñarnos *El día de la marmota* sobre nuestra búsqueda de una mayor seguridad, sobre cómo liberarnos de nuestra rueda de hámster, sobre cómo abandonar nuestro uso repetitivo de la locura de la seguridad? Aunque podría dedicar la totalidad de este libro a desgranar todos los aspectos profundamente significativos que aborda El día de la marmota, me ahorraré esa exploración. Más bien, quiero centrarme en la idea de romper el círculo sin fin, de detener el bucle sin fin eligiendo enfocar las cosas de forma diferente.

Una y otra vez, Phil repite su bucle sin final aparente a la vista. Al principio reacciona con sorpresa, confusión e incredulidad. Phil, que empieza a darse cuenta de que está atrapado en un bucle temporal, idea una sencilla prueba para comprobar si está viviendo el Día de la Marmota. Coge un lápiz, lo parte por la mitad y lo coloca en su mesilla de noche. Sin embargo, cuando se despierta al día siguiente, el lápiz está entero y lo ha vuelto a colocar en el cajón donde lo encontró. Todavía conmocionado e incrédulo, y pensando que está perdiendo la cabeza, Phil busca ayuda psiquiátrica, pero nada de lo que hace parece ayudar a explicar lo que le está ocurriendo.

El comportamiento de Phil se convierte rápidamente en un caos. Desde persecuciones policiales hasta intentos de suicidio, no importa lo que Phil parezca hacer, todas las mañanas es recibido por la radio despertador tocando la misma canción. Parece condenado a vivir en este bucle temporal durante toda la eternidad.

¿Cómo consigue Phil romper el bucle temporal en el que está atrapado? Por fin decide hacer las cosas de otra manera: gracias a la decisión deliberada de Phil de enfocar la situación de otra manera, por fin rompe el bucle. Phil eligió hacer las cosas de otra manera y obtuvo un resultado diferente.

Parece que estamos atrapados en nuestra propia versión del Día de la Marmota. Para obtener un resultado diferente, para dejar de revivir nuestro bucle interminable y pesadillesco de locura por la seguridad, debemos elegir hacer las cosas de otra manera. Reiterar nuestros viejos enfoques de la seguridad, nuestras actuales suposiciones sobre la seguridad, nuestras creencias sobre cómo influimos en la seguridad -incluso cuando hacemos las mismas cosas de siempre con más esfuerzo y concentración que nunca- sólo nos lleva a los mismos resultados.

Evolucionar nuestros supuestos: Dejar ir y seguir adelante

El único camino verdadero hacia adelante -el único lugar por el que podemos empezar realmente- es la focalización y remodelación de los supuestos subyacentes que han conducido a los mundos laborales actuales que nos encontramos trabajando para mejorar. La gran noticia es la siguiente: todo lo que se ha construido dentro de su organización ha sido moldeado o construido por manos humanas. Todo lo que se ha hecho puede deshacerse, remodelarse, reformarse, mejorarse o desecharse por completo. ¿Lo malo? Es superdifícil y lleva mucho tiempo.

Tenemos que cambiar nuestra posición de partida; debemos empezar desde un lugar de mejores supuestos. Estos mejores supuestos, que trataremos a lo largo de este libro, son vitales para cambiar nuestro enfoque de la seguridad y prácticamente de cualquier otra cosa que esperemos hacer bien. Este cambio hacia estas creencias subyacentes mejores y más humanistas que dicen que las personas son la solución, que el aprendizaje lo es todo, que la seguridad es la presencia de aspectos positivos, que el error es normal, que el fracaso ocurrirá, etc., etc., debe arraigarse profundamente en nosotros como individuos y en las organizaciones en las que pretendemos influir positivamente. Desde esta mejor posición de partida, podemos empezar a construir un enfoque mejor.

Pero les advierto que una buena parte de este viaje implica dejar ir y seguir adelante con ideas, sistemas, procesos y "vacas sagradas" industriales y organizativas que simplemente no se alinean con nuestros mejores supuestos. Puede ser una empresa dolorosa y desgarradora para algunas organizaciones, que se aferran a todo lo que han construido a lo largo de los años con un apretón de muerte, temerosas de que cualquier deshecho o cambio de sus sistemas actuales seguramente resultará en una catástrofe.

Este ejercicio también puede resultar confuso de vez en cuando. Personalmente, cada vez que me encuentro murmurando preguntas como "no lo sé", "¿esto es malo?", "¿esto es bueno?", etc., me apoyo mucho más en los principios *del Rendimiento Humano y Organizativo y en los principios de la Seguridad Diferente.* Siempre encuentro las respuestas que busco utilizando los principios rectores como lente. Cuando se sienta inseguro sobre qué empezar a hacer, qué dejar de hacer o qué arreglar, vuelva a apoyarse firmemente en estos principios que ya hemos discutido - estos principios junto con las 10 ideas representadas en este libro (construidas con los principios del *Rendimiento Humano y Organizativo y los principios de la Seguridad Diferente* en su núcleo) no le llevarán por mal camino.

Volviendo al tema...

Para mejorar la seguridad es necesario remodelar y reformar nuestras creencias subyacentes compartidas. Si nuestro deseo es crear mundos laborales mejores y más humanos, si queremos mejorar la seguridad en el trabajo, si nuestro objetivo es hacer que la seguridad apeste menos, entonces ahí es donde debemos empezar. Debemos dejar a un lado nuestros deseos de arreglar los síntomas superficiales y profundizar mucho más en el origen de nuestros problemas organizativos. Debemos sustituir las suposiciones erróneas por otras mejores, debemos mantener conversaciones abiertas y honestas sobre estas creencias y de dónde proceden, y debemos adoptar mejores enfoques.

Aunque me gustaría poder decir algo como: "¡Sólo tienes que seguir esta guía superfácil de 12 pasos y el rendimiento de seguridad de clase mundial será tuyo!" o "¡Sólo tienes que hacer X, Y y Z, y usted también podrás tener Rendimiento Humano y Organizativo en tu empresa!". Yo no puedo. ¿No sería estupendo que pudiéramos reducirlo todo a un método prescriptivo lineal y sencillo, que garantizara resultados coherentes y que todos pudiéramos seguir hasta llegar a la tierra prometida del HOP? Pero nunca será así. Nuestros mundos laborales son organismos vivos complejos, desordenados y caóticos.

Dicho esto, creo que es importante destacar lo única y compleja que es su organización o lugar de trabajo en particular. Teniendo en cuenta esta complejidad, también siento la necesidad de decir que esto no pretende ser una receta que se toma a ciegas o se administra a su organización. En lugar de tomar estas ideas e intentar adaptarlas a la fuerza a su mundo laboral, espero que salga de este libro con aún más preguntas y con la misión de aprender. No para aprender de más y más teoría de seguridad o de HOP (aunque puede ser útil), sino con sed de salir y aprender de aquellos que GSD (Get Shit Done) dentro de sus organizaciones. Más que prescribirte "la única manera correcta" de hacer

Desempeño Humano y Organizacional, espero que este libro te ayude en tu viaje - que actúe como una pequeña pieza del rompecabezas. Espero que le proporcione una mejor perspectiva de la seguridad y del rendimiento humano y organizativo, y que le ayude en su empeño por mejorar la seguridad. Espero que le ayude a elaborar y moldear mejores supuestos sobre cómo enfocamos a las personas, el aprendizaje y la seguridad en el trabajo.

Aunque no puedo prometerle una solución sencilla y fácil para todo lo que nos aqueja en el mundo de la seguridad y el rendimiento humano y organizativo, sí puedo prometerle lo siguiente: Si partimos de mejores premisas, si abordamos todo lo que queremos conseguir desde la confianza en las personas, si hacemos las cosas con las personas en lugar de a las personas, si hacemos mejores preguntas y si creamos entornos en los que la honestidad sea posible, las cosas sólo pueden mejorar y el trabajo en general apestará menos, y por fin nos libraremos de hacer las mismas cosas viejas, cansadas e ineficaces una y otra vez.

10 IDEAS PARA QUE LA SEGURIDAD APESTE MENOS

¿Y ahora qué?

Hemos dedicado los primeros capítulos de este libro a hablar de nuestros enfoques típicos de la seguridad en el trabajo, hemos abordado brevemente de dónde proceden estas ideas y hemos debatido sobre la continua locura de seguridad que provocan en nuestros mundos laborales. ¿Cómo podemos mejorar nuestros enfoques de la seguridad en el trabajo? ¿Cómo podemos desprendernos de estas "técnicas de gestión de la seguridad" perjudiciales e inductoras de dolor? ¿Cómo podemos evolucionar más allá de estos supuestos y creencias que nos llevan a ver a las personas como problemas que hay que gestionar, a ver la culpa como algo curativo, estas tácticas que -por mucho que las utilicemos- siguen defraudándonos?

Una larga y dura mirada al espejo

Para empezar, debemos estar dispuestos a abordar el problema de frente. Debemos estar dispuestos a someternos al proceso, a menudo doloroso, de reflexionar sobre nuestros planteamientos tradicionales en materia de seguridad en el trabajo, a analizar con frialdad nuestros supuestos sobre la seguridad, a examinar nuestros supuestos sobre las personas a nuestro cargo, y debemos estar dispuestos a sacar a la luz lo bueno, lo malo y lo feo para someterlos a un examen y un escrutinio minuciosos. No podemos seguir aferrándonos a nuestras vacas sagradas de la seguridad; todo debe estar sobre la mesa. Tenga mucho cuidado de no permitir que los principios más sagrados de nuestros planteamientos más tradicionales nublen su juicio o le impidan avanzar hacia una mayor seguridad. Los culpables más probables que te impedirán avanzar:

Todos los incidentes son evitables

Examinar de cerca y prevenir los pequeños sucesos nos permite predecir y prevenir los grandes sucesos en el horizonte

Si la gente se limitara a seguir las normas, no pasaría nada malo

Traigo a colación estos pocos principios sagrados de la seguridad tradicional una vez más debido al dominio que siguen teniendo en nuestro mundo laboral y a su capacidad para impedirnos crecer. Mi intención no es machacar o golpear donde hemos estado, sino aprender y crecer más allá. Se trata de reconocer que estas ideas tradicionales no funcionan y que, de hecho, están empeorando mucho las cosas. Destaco estas vacas sagradas una vez más, debido a su poder para llevarnos a persistir en nuestra creencia de que si la gente se preocupara más, se esforzara más, o hiciera la seguridad tradicional con más ahínco, entonces todo iría finalmente bien. Para mejorar la seguridad, para cuidar mejor a nuestros empleados y, en definitiva, para que la seguridad apeste menos, debemos estar dispuestos a desprendernos definitivamente de estas ideas horribles.

Superamos las malas ideas con mejores ideas. Reconocer lo bueno, lo malo y lo feo, mirarlo a la cara y aprender de ello, es crucial para garantizar que no seguimos en la rueda de la locura de la seguridad. Pero la introducción y la búsqueda continuas de ideas mejores es la forma de avanzar de verdad.

En los capítulos siguientes exploraremos estas 10 ideas para que la seguridad apeste menos:

Idea # 1 - **Empezar desde la confianza**

Idea #2 - **Hacer cosas con la gente**

Idea #3 - **Aprender deliberadamente y a menudo de los que GSD**

Idea #4 - **Los puntos de dolor son puntos de partida**

Idea #5 - **Obsesionarse con las cosas que (realmente) importan**

Idea #6 - Más herramientas, menos normas

Idea #7 - Dejar de intentar cumplir (o castigar) para alcanzar la excelencia

Idea #8 - Redefinir "seguro

Idea #9 - Renunciar a la "adivinación" de la seguridad

Idea #10 - Abrazar la humanidad

Una nota rápida sobre el orden de importancia...

Aunque estas 10 ideas para que la seguridad apeste menos no están dispuestas en un orden jerárquico y prescriptivo rígido (aunque se han clasificado en cierto modo), sería negligente por mi parte no destacar algunos buenos "puntos de partida" para este viaje: los elementos "decisivos" que, como mínimo, las organizaciones deben corregir mucho más de lo que se equivocan. 1) *Empezar desde un lugar de confianza,* 2) *Hacer las cosas con la gente y* 3) *Aprender deliberadamente y con frecuencia de los que (GSD) han sufrido una crisis de seguridad* son algunos de los puntos de partida más importantes a la hora de embarcarse en este viaje hacia la mejora de la seguridad.

Aunque se puede argumentar que cualquiera de las ideas de esta lista podría considerarse "decisiva o decisiva", destaco estas tres ideas en particular debido al profundo impacto que tienen en casi todos los demás esfuerzos o iniciativas relacionados con la mejora de la seguridad. Estas ideas se centran en confiar en las personas a las que empleamos, dejar de lado nuestros equivocados enfoques paterno-filiales de la gestión y adoptar un aprendizaje profundo y significativo, es decir, aprender de quienes realmente hacen las cosas. Estas ideas son la base sobre la que se construye prácticamente todo lo demás. Si categorizamos todas las demás ideas de esta lista como ingredientes de nuestro pastel de mejora de la seguridad, estos tres elementos -partir de un lugar de confianza, hacer cosas con la gente y aprender deliberadamente y a menudo de los que GSD-son el bol de mezclas. Están interconectados y son interdependientes. Nunca encontrarás un verdadero aprendizaje sin confianza, nunca cultivarás una verdadera confianza sin aprendizaje, nunca tendrás ni lo uno ni lo otro si haces cosas a la gente en lugar de con ella - mano a mano buscando la seguridad mejor juntos.

Aunque estas tres ideas son cruciales, y le animo a que empiece su viaje centrando sus esfuerzos en ellas, no me permita que reste importancia a todas las demás: cada idea es vital para su búsqueda. Muchas de estas ideas tienen asociados contrapuntos o enfoques más tradicionales. Por ejemplo, destaco empezar desde la confianza porque nuestro enfoque típico es empezar desde la desconfianza. Aconsejo hacer cosas con la gente porque nuestra táctica tradicional es hacer cosas a la gente, imponiéndoles nuestras ideas de "lo que es mejor para ellos". Insisto en abrazar la humanidad porque llevamos décadas tratando de curar a nuestros trabajadores de ella, en lugar de apoyarnos en ella. Podría seguir, pero me ahorraré hacerlo: los enfoques tradicionales que cada una de estas ideas pretende superar son bastante obvios. Permítanme que vuelva sobre el tema: cada una de estas áreas es importante para evolucionar más allá de nuestros enfoques almidonados, rancios, perjudiciales e inhumanos de la seguridad de nuestros mundos laborales. Dicho esto, es vital que entienda en qué punto se encuentra actualmente su organización. Tratar de entender dónde se encuentra en el momento presente le permitirá elaborar un enfoque a medida para su viaje, en lugar de buscar un enfoque equivocado e ineficaz de copiar y pegar o "de estante" para el Rendimiento Humano y Organizacional.

¿Dónde está usted?

Volviendo a los 5 principios del rendimiento humano y organizativo (Conklin, 2019), el aprendizaje es vital. He adaptado esto para los propósitos de este libro creando la declaración procesable de "Aprende Deliberadamente y a menudo de aquellos que GSD (get shit done)." (haz lo que tengas que hacer) Así es exactamente como descubrirá en qué punto se encuentra actualmente su organización: debe salir y aprender en qué punto se encuentra. Debe tratar de entender dónde se encuentra actualmente escuchando y aprendiendo de aquellos que viven dentro de su mundo laboral particular.

Al ayudar a las organizaciones a iniciar este camino, y en varios puntos de "comprobación y ajuste" durante el mismo, he descubierto que el uso de exploraciones de aprendizaje o sesiones de escucha es muy beneficioso para comprender la realidad de la situación, y eso es exactamente lo que debemos buscar, la realidad. No dónde crees que estás, no dónde los ejecutivos creen que está la organización, no dónde los directivos insisten en que estás, estás buscando información cruda y real sobre la realidad de la situación. Está buscando información operativa vital de aquellos que se pasan el día trabajando y haciendo cosas dentro de su organización.

Me refiero a estos enfoques como exploraciones de aprendizaje, o como métodos de "estilo libre" para la inteligencia operativa, ya que a menudo no hay un problema específico a mano para resolver o explorar. En comparación con el uso más habitual de los equipos de aprendizaje u otras tácticas de aprendizaje operativo, que normalmente comienzan con un problema o un punto de dolor concreto para trabajar en su mejora, estas sesiones suelen centrarse en una indagación muy amplia utilizando iniciadores de conversación como:

¿En qué somos realmente buenos?

¿En qué somos buenos?

¿En qué podríamos mejorar?

¿Dónde hay más dificultades de las debidas?

¿Qué deberíamos empezar a hacer?

¿Qué deberíamos dejar de hacer?

Y otras preguntas igualmente amplias diseñadas para explorar la realidad actual de nuestros mundos laborales.

Estos enfoques se utilizan para descubrir puntos de partida para un mayor aprendizaje, para ayudarle a descubrir los problemas y retos actuales a los que se enfrenta la organización, y le ayudarán a elaborar y priorizar un enfoque personalizado basado en lo que aprenda.

Si su organización ya se está aventurando por el camino del Rendimiento Humano y Organizativo, puede incluir fácilmente temas de conversación más específicos relacionados con el progreso de su organización, como:

Nos hemos centrado en hacer las cosas de forma diferente, ¿qué tipo de cambios ha notado?

¿Ha cambiado algo (para bien o para mal) en su trabajo diario?

¿Qué le parece este nuevo enfoque de la organización?

Una vez más, estas preguntas generales deben diseñarse para profundizar en la situación actual de la organización y explorar las experiencias vividas por los empleados que trabajan en ella.

Bastante amplio, ¿verdad? Tendría razón al pensar que estamos lanzando una red bastante amplia aquí. Pero de eso se trata en estos macroenfoques de la inteligencia operativa: no buscamos resolver un problema concreto, sino información bruta y real sobre dónde estamos y en qué debemos centrarnos. Para ello es necesario lanzar una gran red, adoptar enfoques amplios y no específicos para buscar información "real", y una buena dosis de caos en la búsqueda de las historias reales y en bruto de nuestros empleados. Demasiada estructura con estos enfoques particulares de la inteligencia operativa, demasiada rigidez, demasiado orden, o una red demasiado estrecha, daría lugar a la pérdida de historias vitales, experiencias y piezas cruciales de información valiosa. Abrace el caos, abrace las conversaciones crudas y reales, e inclínese hacia ellas, si realmente busca aprender y comprender.

Algunos consejos tácticos relacionados con estas sesiones

Se quedará con página tras página de notas e información de estas sesiones. Personalmente, prefiero dejar el portapapeles en el coche y utilizar rotafolios durante estas conversaciones. A medida que avanzamos en las sesiones, voy anotando febrilmente la información en estos rotafolios y pegándolos por todas las paredes del lugar donde nos reunimos. Este "muro de descubrimientos" permite a los participantes (y al moderador) ver fácilmente todo lo que se ha compartido, destacar y priorizar elementos concretos y agrupar ciertas cosas relacionadas.

No pierda el tiempo en estas reuniones porque parezcas enterrado en tu cuaderno o portapapeles: no se concentre tanto en captar cada detalle que ahogue la conversación por completo. Después de estas sesiones, tendrá tiempo de sobra para asimilar todo lo que ha oído y redactar sus propias notas personales. Como ya he dicho, a mí me resulta más fácil capturarlo todo en rotafolios, y opto por hacer una foto de nuestro "descubrimiento mural" una vez terminada la sesión. Me encuentro a mí misma volviendo a estas fotos una y otra vez a lo largo del proceso de destilación de la información y mientras se elabora un camino a seguir. Me encuentro sacando varios puntos de alta prioridad, oportunidades de "victorias rápidas", y marcando con un círculo y resaltando varios puntos sobre los que necesitamos aprender más.

No quiero ser demasiado prescriptivo en la forma de enfocar estas conversaciones, de hecho, a menudo me aparto de los enfoques más comunes de los equipos de aprendizaje con estas sesiones en particular (más adelante en este libro hablaremos de las exploraciones de aprendizaje). Los equipos de aprendizaje típicos se desarrollan en cinco pasos básicos:

1. **Prepárese** – Seleccione a unas 6 personas cercanas al trabajo, mézclelas y mantenga una conversación.

2. **Aprenda** – En esta primera sesión discuta y descubra cómo se hace realmente el trabajo.

3. **Empápese** – ¿Tienes esos momentos "ah-ha" a las 2 de la mañana como yo? De eso se trata en esta pausa. Este tiempo permite que la información se absorba y que las ideas afloren a la superficie.

4. **Mejore** – En esta segunda sesión se repasa lo tratado en la anterior, pero ahora la conversación se centra en ideas sobre cómo podemos mejorar.

5. **Acción** – Ahora convertimos estas ideas en acciones que resuelven problemas, añaden defensas, eliminan trampas de error y mejoran las cosas.

Con estas exploraciones de aprendizaje más "libres", las enfoco con aún menos estructura que la indicada anteriormente: a menudo son sesiones individuales, y no nos tomamos "tiempo de remojo" ni nos sumergimos en acciones enfocadas. Lo que quiero decir es lo siguiente: haga lo que funcione. Prepárese, mantenga los grupos en un tamaño manejable, cree formas de seguimiento o para que los participantes le hagan llegar sus momentos "ajá" de las 2 de la mañana, y estructura un poco su enfoque, pero manténgalo suelto y natural y descubra qué es lo que te da mejores resultados. Evite enfrascarse en demasiados pasos, demasiada estructura o demasiadas reglas.

Otra pregunta habitual que me hacen cuando me piden que guíe a las organizaciones a través de esta pulsación inicial de realidad es "¿a cuántas personas debemos involucrar en estas sesiones?". Suelo responder con una buena dosis de mi sarcasmo natural diciendo algo así como "suficientes". Pero hay algo de verdad en mi respuesta. Es demasiado simplista elegir un número o un porcentaje al azar de la nada; esos porcentajes mágicos son, en el mejor de los casos, charlatanería. ¿Qué tal esto, "una buena parte de ellos" o "diablos, no lo sé". Sinceramente, no suelo fijarme como objetivo determinados porcentajes o números de empleados. Sigo y sigo hasta que tengo un buen conocimiento de la situación actual de la organización. Aquí hay que buscar el equilibrio; los recursos y el personal son limitados. Cuando sus aprendizajes empiezan a ser demasiado repetitivos, es una buena señal de que estás llegando al final. Además, se basa en lo que es realista. Si su organización emplea a 10 personas, probablemente debería hablar con 10 personas. Si su organización emplea a 10.000 personas, hablar con todo el mundo va a ser una empresa poco realista. Volvemos a mi respuesta original de "suficiente". También volvemos a algunos de mis puntos anteriores sobre no ser demasiado rígido en el enfoque ni complicar demasiado las cosas. No pierda su valioso tiempo obsesionándose con las minucias, láncese y empiece a aprender: lo normal es que descubra el "suficiente" en algún punto del camino.

Nota rápida sobre la estructura de los siguientes capítulos

He hecho todo lo posible para que los siguientes capítulos puedan leerse como piezas independientes. Siéntase libre de saltar de un capítulo a otro, de ir a donde le lleve su curiosidad o de ir a las áreas en las que busque información concreta para sus esfuerzos. Aunque considero que cada capítulo contiene información relevante y útil, no importa en qué punto de su recorrido por el Rendimiento Humano y Organizativo se encuentre, siéntase libre de seguir su curiosidad.

También le animo a que consulte la sección de recursos al final del libro. He incluido una lista de libros, podcasts, sitios web y personas que estoy seguro le serán de gran utilidad en sus esfuerzos por mejorar el rendimiento humano y organizativo.

Y por último... 10 ideas para que la seguridad apeste menos

Una vez eliminados todos los elementos introductorios, con una buena comprensión de cómo conocer la situación actual de su organización y con algunas ideas sobre cómo priorizar su enfoque, entremos de lleno en el meollo de la cuestión.

PARTIR DE UN LUGAR DE CONFIANZA

CARTILLAS DE CONVERSACIÓN

¿Sus sistemas organizativos se basan en el supuesto de confiar en los empleados o desconfiar de ellos?

¿Con qué regularidad busca su empresa culpables cuando las cosas no salen según lo previsto?

¿Qué tipo de preguntas se hacen después de un accidente o suceso?

10 IDEAS PARA QUE LA SEGURIDAD APESTE MENOS

…y no desde la desconfianza.

La empresa le exige que cargues en su sistema de resolución de gastos un recibo detallado de esa taza de café que compró en su último viaje de trabajo, y le exige que guarde una copia impresa hasta el fin de los tiempos; su jefe exige que le envíe por correo electrónico todos los viernes por la tarde una contabilidad minuciosa de cómo has gastado cada minuto de la semana anterior para su revisión y crítica; la empresa prohíbe llevar navajas de bolsillo en sus sedes; su organización aplica sistemas de seguimiento por GPS a prácticamente cualquier cosa con ruedas; la empresa impone un estricto código de vestimenta "profesional" que abarca desde tipos y estilos de corte de pelo hasta la afirmación general de "todos los empleados deben llevar pantalones en todo momento mientras se encuentren en las sedes de la empresa"

Vivimos en mundos laborales construidos sobre la base de la desconfianza. Sin duda, no podemos confiar en que una persona compre una taza de café sin someterse a una auditoría exhaustiva de la compra. Nunca podríamos confiar a un profesional experimentado y de alto rendimiento algo tan crítico como la gestión de su propio tiempo y sus prioridades. Aunque confiamos a personas equipos multimillonarios, la gestión de procesos enormemente complejos y el trabajo con objetos increíblemente peligrosos, ¿cómo podríamos confiar en ellos lo suficiente como para permitirles llevar navajas de bolsillo?

¿Cómo podemos confiar en que conduzcan un coche? ¿Cómo podemos confiar en que lleven pantalones?

Sencillamente, infantilizamos a nuestra mano de obra altamente cualificada y experta. Nos apoyamos mucho en esta noción errónea de "la dirección sabe más, ¡siempre!". Creemos sinceramente que sabemos lo que es mejor para ellos, que debemos hacerles "lo que es mejor para ellos", que debemos hacerlo les guste o no, y que requerimos poca o ninguna aportación por su parte porque, seguramente, no podrían saber lo que es mejor para ellos. Por triste que sea, no somos capaces de confiar en nuestros empleados. Escribimos normas, microgestionamos, vigilamos, controlamos y castigamos brutalmente a los pocos desafortunados que no cumplen con nuestros enfoques tayloristas y paterno-filiales de la supervisión de nuestros trabajadores.

A menudo, la única "infracción" que se descubre es el incumplimiento del mecanismo de vigilancia o del propio sistema de gestión: un formulario omitido, el olvido de cargar un recibo, la evasión o elusión de los sistemas de control de vehículos y otros actos que muchas organizaciones consideran infracciones casi razonables. El comportamiento en cuestión ni siquiera se detecta; el simple incumplimiento del sistema o proceso establecido para detectar el comportamiento basta para justificar la adopción de medidas correctivas extremas contra el infractor.

Creemos sinceramente que si no disponemos de estas estructuras sólidas de normas y control, nuestros mundos laborales se convertirán en un caos; creemos que estos mecanismos son defensas sólidas que impiden que se manifiesten comportamientos indeseables en nuestros lugares de trabajo. Parece que no podemos ver más allá de estos planteamientos simplistas, equivocados e ineficaces. Tácticas que perjudican regularmente a la mayoría de nuestra fuerza de trabajo -las personas que nunca buscarían intencionadamente aprovecharse o causar daño a la organización- mientras que casi nunca atrapan a la minúscula cantidad de personas que buscan activamente aprovecharse o causar daño a la organización.

Redactamos normas, creamos grandes sistemas de control *Orwellianos* y utilizamos tácticas de aplicación brutales con la esperanza de atrapar a los "malhechores", pero lo único que estos sistemas atrapan (y castigan duramente) es a personas honestas y trabajadoras que intentan hacer su trabajo en un mundo complejo y en constante cambio. Invertimos grandes cantidades de tiempo, energía y recursos en la construcción de estos sistemas, a veces incluso creando departamentos enteros dedicados a ellos, todo ello en un intento de atrapar a quienes se atreven a meterse en el terreno del incumplimiento.

A veces incluso llegamos a colocar a propósito trampas meticulosamente camufladas y bien tendidas dentro de nuestros mundos laborales. Fingiendo que intentamos atrapar conejos o cazar animales de caza mayor, acechamos - tratando a nuestros empleados como si fueran algún tipo de animal de caza- para poner a prueba su voluntad y su capacidad de cumplir. Controlamos, evaluamos y cuestionamos cada acción (o inacción) que llevan a cabo mientras intentan hacer las cosas. Hacemos todo esto y mucho más, todo en nombre de la desconfianza.

Desconfianza y culpa van de la mano

La desconfianza y la culpa son como la mantequilla de cacahuete y la mermelada, el beicon y los huevos, las tostadas y las judías (para mis amigos ingleses), o las galletas y la salsa (para mis amigos sureños). Son el matrimonio perfecto de nuestros deseos humanos, que combinan nuestro instinto innato de desconfianza y el ejercicio de "sentirse bien" de culpar para formar un monstruo vengativo que luego soltamos contra quienes creemos que han hecho daño a nuestras organizaciones. Culpar es fácil, sienta bien y nos hace sentir como si estuviéramos tomando la sartén por el mango al castigar duramente a otros que infringen las normas, algo que, por supuesto, nunca nos atreveríamos a hacer.

Estamos a favor de la culpa en el ámbito de la seguridad de los empleados. La culpa está bien preparada debido a las opiniones desconfiadas que ya se tienen sobre los trabajadores. Estas opiniones son mucho más desconfiadas cuando se relacionan con algo tan serio como la seguridad y la salud. Echando más leña al fuego, la mayoría de las organizaciones ven la seguridad como una actividad basada en "uno mismo", como algo que uno elige hacer bien (o mal), como una tarea sencilla que sólo requiere suficiente atención, cuidado y concentración, aplicados por el usuario final para hacerlo bien y evitar que se produzcan sucesos. Por lo tanto, las organizaciones ven la aplicación de la culpa como la opción obvia para la mayoría de los errores o sucesos relacionados con la seguridad y la salud. Muchas organizaciones nunca confiaron en que sus trabajadores hicieran las cosas bien en materia de seguridad -de ahí sus enormes estructuras de normas, vigilancia y aplicación-, de modo que cuando se produce un incidente de seguridad, el usuario final de los sistemas de seguridad de la organización es rápidamente culpado, avergonzado, reciclado o algo peor.

Entonces sacaremos a relucir nuestra larga lista de tópicos de seguridad basados en el "tú". Gritaremos cosas como "deberías haber prestado más atención", "deberías haber hecho un mejor análisis de peligros", "¡deberías haber sido más responsable de tu propia seguridad!". Recordaremos estas horribles afirmaciones como causales del suceso en cuestión y rápidamente echaremos la culpa al trabajador implicado.

Y lo que puede ser peor, utilizamos estas creencias erróneas como prueba de la necesidad de sistemas de desconfianza aún mayores y más estrictos, estructuras de normas, vigilancia y aplicación de la ley aún mayores y más duras. Y así seguimos, profundizando la brecha entre la organización y las personas que emplea, y reforzando cada vez más la relación padre-hijo que hemos construido con la mano de obra.

La infantilización de nuestros trabajadores

Nuestra posición primaria de desconfianza nos ha llevado a tratar a los empleados como si fueran niños revoltosos y alborotadores, o como si fueran adolescentes rebeldes y desafiantes. Este deseo de tratar a nuestros empleados como si fueran niños no ha hecho más que crecer en los últimos años: hemos evolucionado hasta convertirnos en los proverbiales "padres helicóptero" de nuestros trabajadores. Estoy casi seguro de que usted conoce el estilo de paternidad que se caracteriza por la vigilancia constante, la supervisión persistente y el "estar siempre listo para entrar en acción", un estilo de paternidad caracterizado por el exceso de atención. Ann Dunnewold, Ph.D., psicóloga licenciada y autora, describió el fenómeno de la paternidad helicóptero en un artículo de 2019 Parents como "estar involucrado en la vida de un niño de una manera que es sobrecontrolar, sobreproteger y sobreperfeccionar, de una manera que está en exceso de la paternidad responsable" (Bayless, 2019). En la investigación de McCarthy y More (2021), los padres helicóptero tienden a:

- *Preocuparse por la seguridad*
- *Imponer fuertes restricciones sobre lo que los niños pueden y no pueden hacer.*
- *Intervenir para resolver problemas de niños que probablemente puedan resolverlos por sí mismos.*
- *Imponer supervisión y corrección constantes*
- *Tomar decisiones por sus hijos sin contar con ellos.*
- *Involucrarse demasiado con los profesores y entrenadores de los niños.*
- *Mantienen líneas de comunicación constantes con el niño, con cero independencia entre sí*
- *Tienen cierto nivel de ansiedad o miedo*
- *Se niegan a aceptar el fracaso como parte del proceso de aprendizaje.*

La crianza en helicóptero puede tener consecuencias bastante nefastas, como la disminución de la confianza en uno mismo, la disminución de la autoestima, el desarrollo de derechos, ansiedad y depresión, y el desarrollo de hostilidad hacia los padres por mantener un control extremo sobre sus vidas y sus decisiones (McCarthy & More, 2021).

Los padres tienden a inclinarse por este estilo autoritario de crianza debido al miedo a las consecuencias, la ansiedad, la sobrecompensación y la presión del mundo exterior, que suelen ser las principales razones por las que los padres pasan al modo helicóptero (McCarthy & More, 2021).

¿Todo esto empieza a sonar demasiado familiar? No sólo hemos infantilizado a nuestra fuerza de trabajo mediante la aplicación de enfoques paterno-filiales a la gestión, sino que nuestras organizaciones han pasado al "modo de gestión de helicóptero en toda regla". Acechamos, controlamos, entrenamos, corregimos y microgestionamos constantemente, y estamos creando las mismas consecuencias negativas provocadas por este estilo autoritario de crianza. El problema se agrava: nuestros empleados no son niños. Nuestros empleados no son nuestros hijos, pero los tratamos como si lo fueran. Caemos en esta trampa por muchas de las mismas razones que los padres: tememos las consecuencias de no controlar, vigilamos constantemente para frenar nuestra ansiedad, buscamos el control absoluto con la esperanza de evitar consecuencias potencialmente nefastas, y porque vemos que muchos de nuestros compañeros y competidores hacen lo mismo. Pero el hecho es que nuestros empleados no son niños, y seguir tratándolos como si lo fueran sólo sirve para crear daños y vastas consecuencias negativas no deseadas.

Algunas consecuencias obvias de infantilizar a nuestros trabajadores:

- *Refuerzo y solidificación de una relación padre-hijo con los empleados.*
- *Creación de una atmósfera de "nosotros contra ellos".*
- *Menos apertura y honestidad*
- *Menos conversaciones "crudas y reales*
- *Victimización de los trabajadores*
- *Denigración de la organización*
- *Degradación de la propiedad y la responsabilidad*
- *Gran cantidad de tiempo dedicado a ocultar o encubrir comportamientos*
- *Menos compromiso*
- *Menoscabo de la capacidad y el bienestar*

Los efectos secundarios negativos de nuestros enfoques infantilizadores de la gestión de nuestra mano de obra parecen casi interminables. Estas consecuencias negativas y a menudo imprevistas se producen al combinar nuestro deseo de culpabilizar con nuestros enfoques paternalistas de la gestión, y al utilizar después nuestro habitual kit de tortura de instrumentos contundentes (como la acción disciplinaria), todo ello en un intento equivocado de crear una influencia y unos resultados positivos dentro de nuestros mundos laborales. Pero nunca funcionan, nunca funcionan como pretendemos que lo hagan, y sólo sirven para perjudicar a la fuerza de trabajo mientras dejan a la organización ciega ante información operativa vital y con una falsa sensación de seguridad, una que dice: "todo parece ir bien desde aquí"

Cambiar nuestras suposiciones sobre las personas

El Diccionario Oxford define la confianza como "una creencia firme en la fiabilidad, verdad, capacidad o fortaleza de alguien o algo". Personalmente, me parece muy interesante (y siento la necesidad de destacarlo) que casi todos los mecanismos que utilizamos durante los procesos de precontratación e incorporación son ejercicios diseñados para desarrollar nuestra confianza en las personas que queremos contratar. Hacemos preguntas situacionales durante las entrevistas, investigamos antecedentes, pruebas de drogas, pruebas de nicotina, evaluaciones de habilidades, evaluaciones de habilidades prácticas y comprobaciones de referencias, todo ello en nombre de la búsqueda de la confianza. En ejemplos más extremos, utilizamos detectores de mentiras y pruebas psicológicas, exámenes como el polígrafo o el MMPI (Inventario Multifásico de Personalidad de Minnesota, una prueba psicológica que evalúa rasgos de personalidad y psicopatología), todo ello con la esperanza de desarrollar la confianza en el candidato. Invertimos mucho tiempo, energía y dinero en asegurarnos de que contratamos a personas de alto rendimiento y buena reputación. Sin embargo, en cuanto los traemos a nuestro mundo laboral, los sumergimos en nuestros sistemas de desconfianza. Incluso después de este aluvión de indagaciones previas a la contratación, seguimos desconfiando de aquellos a los que decidimos contratar.

Desde el punto de vista organizativo, tenemos una baja propensión a confiar. Empezamos con suposiciones pobres sobre los que componen nuestra fuerza de trabajo, y luego apuntamos a un pequeño puñado de acontecimientos negativos más extremos para apuntalar nuestra lógica para mantener esta posición de desconfianza. Señalaremos rápidamente un ejemplo en el que un empleado fue sorprendido malversando fondos, que se descubrió que cargaba gastos personales a la tarjeta de crédito de la empresa, destacaremos que un empleado se cortó una vez con una navaja y tuvo que ir al hospital, que una vez se descubrió que una persona bebía en el trabajo, que alguien robó una vez información privada de un cliente... utilizaremos estos y otros ejemplos similares como razonamiento para seguir desconfiando de nuestros empleados. Utilizamos estos sucesos poco frecuentes para formar la suposición básica de que no se debe confiar en las personas, y aplicamos ampliamente esta creencia a todos los que empleamos. Algunas suposiciones básicas que extraemos sobre las personas que empleamos:

- *No podemos confiar en que la gente haga lo correcto.*
- *La gente siempre está intentando "sacar algo de la empresa".*
- *Carecen de integridad*
- *Evitan la responsabilidad*
- *Rara vez actúan con buenas intenciones o pensando en los intereses de la empresa.*
- *Sin supervisión y control constantes, las personas serán menos productivas, menos seguras, correrán más riesgos, incumplirán las normas, etc.*
- *Son fundamentalmente perezosos y desean trabajar lo menos posible*
- *Y más...*

Estas suposiciones constituyen los cimientos de nuestros sistemas de desconfianza y dan lugar a los artefactos de desconfianza que podemos ver o experimentar visiblemente en nuestro mundo laboral. Para ir más allá de nuestros sistemas de desconfianza, para adoptar la confianza como nuestra posición neutral organizativa, estos supuestos básicos deben ser reformados y reconvertidos en mejores supuestos. Sin un cambio fundamental en nuestra forma de ver a los que trabajan en nuestras organizaciones, casi nada cambiará.

Nuestra nueva normalidad: la confianza como posición neutral de las organizaciones

Para cambiar estos supuestos, debemos apoyarnos en los *5 Principios del Rendimiento Humano y Organizativo* (Conklin, 2019), y en los principios de *Safety Differently* (Seguridad de forma diferente) (Dekker, 2014). Debemos cambiar genuinamente nuestros supuestos para ver a las personas como la solución en lugar del problema, debemos crecer en la comprensión de que el error es normal y tratar de castigar a las personas para que no cometan errores solo crea daño y socava el aprendizaje, debemos inclinarnos hacia mejores supuestos que nos digan:

- *La mayoría de la gente sólo quiere hacer un buen trabajo*
- *La gente quiere que la organización tenga éxito*
- *Tienen integridad*
- *Son responsables*
- *Son muy competentes en lo que hacen*
- *Se preocupan, y mucho*
- *Y más...*

Este cambio de supuestos nos llevará más allá de nuestros deseos de culpabilización, nos empujará a buscar la restauración en lugar de la retribución y nos impulsará a deconstruir nuestros sistemas de desconfianza. El tiempo, la energía y los recursos que actualmente consumen nuestros mecanismos de control y vigilancia pueden emplearse mejor en preguntar a los empleados qué necesitan para tener éxito, y luego proporcionarles precisamente eso: las cosas que les ayudan en lugar de perjudicarles.

Confianza... incluso cuando la mierda golpea el ventilador

A veces resulta más fácil centrarse en la confianza cuando las cosas van bien, pero su mantenimiento cuando las cosas van mal es de vital importancia para superar nuestras tendencias a la retribución, las reacciones pobres y otros elementos problemáticos que nos desaniman o nos impiden aprender información cruda y real sobre las sorpresas operativas que ocurren en nuestros mundos laborales, información que es crucial para tomar mejores decisiones operativas y mejorar nuestras organizaciones.

Cuando nos encontremos con estas sorpresas, debemos confiar en ellas apoyándonos firmemente en los mejores supuestos de los que ya hemos hablado. Cuando suceda algo no tan bueno, cuando se produzca un trastorno operativo, una pérdida de calidad, una lesión o algo peor, debemos partir de una posición de confianza. Algunos supuestos mejores para aplicar en estas situaciones:

- *Los empleados no eligen cometer errores*
- *Todo tenía sentido para los que hacían el trabajo, hasta que de repente dejó de tenerlo.*

- *Si hubieran sabido que ese iba a ser el resultado, no habrían seguido adelante.*
- *Tomaron las mejores decisiones posibles con la información de que disponían.hand*

Centrarse en buscar la restauración

Podemos empezar a avanzar hacia la restauración abandonando nuestros procesos de investigación típicos, que suelen reflejar las investigaciones penales y se centran en aspectos como las infracciones de las normas, la recopilación de declaraciones de testigos y la recogida de pruebas. Para empezar, podemos empezar por hacer preguntas mejores y más significativas. Según Dekker (2016), un enfoque restaurativo de la justicia organizativa plantea preguntas como:

¿Quién está herido?

¿Qué necesitan?

¿De quién es la obligación de satisfacer esas necesidades?

Este enfoque en la restauración está en marcado contraste con nuestro enfoque típico en la retribución, que a menudo nos deja haciendo preguntas como (adaptado de Dekker, 2016):

¿Qué norma se ha infringido?

¿Hasta qué punto se ha infringido (o incumplido)?

Según lo anterior, ¿qué se merece el "infractor"?

En iteraciones más recientes de los enfoques retributivos de la justicia organizativa, he visto que estas líneas de investigación toman un giro más suave, pero el enfoque sigue siendo el mismo: ¿quién ha infringido la norma y qué se merece? Nos preguntaremos cosas adicionales como:

¿Era la norma una de nuestras "reglas para vivir"?

¿Conocían la norma?

¿Recibieron formación sobre la norma?

¿Fue una infracción intencionada, un error involuntario, un error común, etc.?

Pero, ¿realmente pedimos algo tan diferente? La verdad es que no. Seguimos buscando oportunidades para culpar a los demás, buscando pecados organizativos, y nos morimos de ganas de "responsabilizar" rápidamente a la gente extrayendo la carne de aquellos a los que descubrimos siendo tan tontos como para violar nuestras normas más sagradas. Pero, ¿dónde nos ha llevado esto hasta ahora? Por supuesto, descubrir a un supuesto "infractor" o "transgresor de las normas" nos hace sentir bien, nos parece lo correcto y alivia nuestra ansiedad haciéndonos sentir que hemos resuelto el problema. Pero no se ha aprendido nada, no se ha mejorado nada y el trabajo no se ha hecho más "seguro" con nuestra búsqueda de culpables y castigos. De hecho, se puede afirmar con rotundidad que nuestros esfuerzos están consiguiendo justo lo contrario de lo que pretendíamos.

La aplicación de la culpa y el castigo en nuestro mundo laboral hace bastante, sólo que no hace lo que pensamos que hace. Creemos que estamos haciendo que nuestros lugares de trabajo sean un poco más seguros mediante la eliminación de individuos molestos e indiferentes, pensamos que estamos enseñando a la gente lecciones vitales a través de la aplicación intencionada de dolor y sufrimiento, creemos que estamos demostrando a nuestros empleados las consecuencias de saltarse las normas o infringirlas poniendo como ejemplo a aquellos que lo hacen, y nos hemos convencido realmente de que (finalmente) castigaremos para alcanzar la excelencia. Entonces, ¿qué ocurre realmente cuando nos centramos en la retribución? Silencio absoluto, silencio que sólo se rompe cuando el fracaso es tan grande que no puede ocultarse.

Para los fines de este libro, que se centra en las aplicaciones más tácticas del Rendimiento Humano y Organizativo en las organizaciones, quiero volver a centrar la atención en el principio HOP de que "aprender es vital"

(Conklin, 2019). Aprender o culpar, es una elección que debemos hacer activamente como organizaciones - una elección entre dos caminos mutuamente excluyentes hacia adelante. Tomar el camino de la culpa es elegir activamente renunciar al aprendizaje. Aquí es donde nos encontramos de nuevo adoptando mejores suposiciones - eligiendo empezar desde una mejor posición incluso cuando las cosas han ido mal - y entendiendo que elegir aprender menos (si es que se aprende algo) buscando la culpa no sirve para hacernos organizacionalmente más inteligentes. Cuando las cosas no tan buenas ocurren (y ocurrirán), debemos responder con un enfoque en la restauración haciendo mejores preguntas - ¿quién está herido? ¿Qué necesitan? ¿Quién es responsable de conseguirles lo que necesitan? ¿El lugar es seguro? Si no lo es, ¿cómo podemos hacer que lo sea? Cuando vamos más allá de nuestra respuesta inicial a un suceso, debemos centrarnos en el aprendizaje crudo y real: debemos tratar de comprender.

Tratar de comprender

Para continuar por esta senda de "aplicaciones tácticas" del Rendimiento Humano y Organizativo, profundicemos en algunos enfoques mejores para aprender de los acontecimientos. Cuando se produce un trastorno operativo imprevisto, ya sea una lesión, un suceso ambiental o un problema de calidad, debemos tratar de comprenderlo. Basándonos en las mejores hipótesis posteriores al suceso que ya hemos comentado, debemos adoptar deliberada y deliberadamente un enfoque más centrado en el aprendizaje. En contraste con nuestros enfoques más tradicionales de la investigación de sucesos, que se han centrado en gran medida en los comportamientos y errores individuales, nuestros enfoques más centrados en el aprendizaje profundizan en el trabajo normal, en el contexto que rodea el suceso, y tratan de aprender lo suficiente para que podamos entender o "ponernos en la piel" de los que experimentaron el suceso. Estos esfuerzos son esfuerzos de colaboración -evitando a delincuentes y fiscales- que implican y aprenden de las personas más cercanas al suceso, en lugar de llevarlas a juicio.

Algunas palabras finales sobre cómo empezar a confiar en nuestros semejantes

Por supuesto, podemos elegir seguir desconfiando de nuestros semejantes. Podemos optar por seguir manteniendo y haciendo funcionar nuestros sistemas de desconfianza, tratando siempre de castigar y cumplir nuestras formas de excelencia operativa. Pero permítanme que inserte aquí una pregunta bastante aguda: ¿Qué clase de existencia es ésa? ¿Qué tipo de futuro distópico nos espera en nuestro mundo laboral (y más allá) si seguimos adoptando estas visiones misántropas de nuestros semejantes, especialmente de aquellos que están a nuestro cuidado? Si nuestra esperanza es crear un mundo laboral mejor (y un mundo mejor en general), debemos invertir nuestros esfuerzos en construir y mantener sistemas de confianza en lugar de desconfianza. Si nuestra esperanza es hacer las cosas bien, debemos abrazar y apoyarnos en la confianza en nuestros semejantes.

PUNTOS CLAVE

Nuestro mundo laboral actual se basa en la desconfianza.

Estamos muy a favor de la culpa, especialmente en el ámbito de la seguridad de los empleados.

La aplicación de la culpa y el castigo dentro de nuestros mundos de trabajo hace bastante, sólo que no hace lo que pensamos que hace

La confianza debe convertirse en la posición "neutral" de la organización

Debemos confiar en nuestros semejantes si queremos aprender y mejorar.

LLEVARLO A LA PRÁCTICA

- Centrarse en la confianza descendente a través de la organización, en lugar de pedir a los empleados que confíen en la ascendente.
- Cambie los enfoques y procesos organizativos y céntrese en la justicia reparadora.
- Intente eliminar los sistemas mezquinos y perjudiciales de desconfianza en toda la organización.

10 IDEAS PARA QUE LA SEGURIDAD APESTE MENOS

HACER COSAS CON LA GENTE

TEMAS DE CONVERSACIÓN

¿Cómo intenta actualmente introducir cambios en su organización?

¿Qué papel desempeñan los empleados en la dirección de la organización?

¿Participan los empleados en la creación de los procesos, procedimientos y programas de la organización?

...más que a las personas.

Parece estar profundamente arraigado en nuestra naturaleza, eso de decirle a la gente lo que tiene que hacer, tanto que parece que no podemos evitarlo. Desde qué comer, qué vestir, cómo ser feliz, a quién se debe votar, y sí, hasta la seguridad en el trabajo - todos tenemos una opinión sobre lo que es bueno para los demás, y debemos compartirla. En nuestras mentes, y basándonos en nuestras experiencias vividas, realmente creemos que sabemos lo que es mejor, no sólo para nosotros mismos, sino también para todos los demás. Nos gusta hacer cosas a la gente -dándoles consejos a menudo severos y rígidos- y esperamos que hagan lo que decimos.

Sería negligente por mi parte no afirmar que parte de esto probablemente se deba a un anhelo de ejercer cierto sentido de superioridad moral. Sería un poco negligente en mis obligaciones si no dijera que parte de esto proviene potencialmente de nuestro anhelo de tener razón y demostrar a los demás que están equivocados. Sería un necio si no señalara que estos elementos probablemente desempeñan un papel en la formación de esta inclinación a decir a los demás lo que tienen que hacer, y que probablemente nos llevan a intentar hacer cosas a la gente. Pero, en mi opinión, creo que este deseo a menudo nace del cariño, de la esperanza de ser útil a los que nos rodean o del deseo de proteger a la gente.

¿Los problemas?

Problema nº 1– *a la gente no le gusta que le digan lo que tiene que hacer.* ¿Recuerdas aquella vez que estabas en el trabajo en uno de esos calurosos y pegajosos días de verano, aquella vez en la que tu jefe te "corrigió" por quitarte las gafas de seguridad durante unos segundos para que se desempañaran? ¿Y aquella vez que miraste el móvil mientras conducías y recibiste un "¡no hagas eso!" desde el asiento del copiloto? O tal vez aquella vez en la que le dijiste a tu pareja que te comprometías a perder unos kilos, pero cuando le propusiste tomarte un día libre en el gimnasio te contestó: "¿Creía que estabas adelgazando? Vete al gimnasio!". ¿Cómo le hicieron sentir esas situaciones? A menudo, ese tipo de encuentros (que le digan lo que tiene que hacer o lo que es mejor para usted) provoca sentimientos de ira. Los científicos han denominado a este fenómeno reactancia psicológica. La reactancia psicológica es la respuesta de nuestro cerebro a una amenaza a nuestra libertad. Las amenazas a la libertad incluyen cualquier momento en que alguien te sugiere u obliga a hacer algo (Hall, 2019).

Reaccionamos a estas amenazas de varias maneras: con acciones reales (o inacciones) que van mucho más allá de nuestros pensamientos y sentimientos internos. Nos rebelamos, con la esperanza de restaurar o reafirmar nuestra libertad; cumplimos, decidiendo que nos gusta y aceptamos la acción prescrita; o ignoramos, eligiendo fingir que el consejo o la dirección nunca se dieron en primer lugar.

Rebelde

Cuando le decimos a la gente lo que tiene que hacer, cuando le hacemos cosas a la gente, nos sale el tiro por la culata. A menudo, hacemos a propósito exactamente lo contrario del consejo o la dirección que se nos da. Intentamos mantener o restaurar nuestra libertad a través de la rebelión, incluso cuando el consejo o la dirección son generalmente buenos para nosotros, incluso cuando sabemos que lo que estamos haciendo es potencialmente perjudicial para nosotros mismos. Los expertos en comunicación sanitaria señalan que esta rebelión se produce a veces en respuesta a campañas que dicen a la gente que deje de fumar. En lugar de reducir el consumo de tabaco, estos anuncios a veces provocan que la gente quiera fumar más (Hall, 2019). Cuando sentimos que se restringen nuestras opciones, o que otros nos dicen lo que tenemos que hacer, a veces nos rebelamos y hacemos lo contrario.

Cumplir

Un individuo que opta por obedecer es el resultado deseado que solemos buscar cuando prescribimos a otros lo que deben o no deben hacer. De hecho, lo que a menudo buscamos es la obediencia, ya que el cumplimiento y la obediencia son dos cosas totalmente distintas. A diferencia de la obediencia, en la que la persona que solicita el cambio se encuentra en una posición de autoridad, la conformidad no depende de una diferencia de poder (Cherry, 2022). La conformidad implica cambiar el comportamiento porque alguien te lo ha pedido. Aunque hayas tenido la opción de rechazar la petición, has optado por acatarla (Cherry, 2022). A partir de nuestras propias experiencias personales, podemos reconocer fácilmente que, por lo general, las personas sólo tienden a obedecer cuando creen que el consejo está bien fundado: cuando sienten que la dirección que se les da es buena, agradable y sensata. Según la investigación de Cullum et. al (2012), la presencia de estos factores hace más probable que las personas cumplan:

- *Afinidad:* Es más probable que la gente acceda cuando cree que tiene algo en común con la persona que hace la petición.
- *Influencia del grupo:* Estar en presencia inmediata de un grupo hace más probable el cumplimiento.
- *Tamaño del grupo:* La probabilidad de cumplimiento aumenta con el número de personas presentes.
- *Afiliación al grupo:* Cuando la afiliación al grupo es importante para las personas,

es más probable que cumplan con la presión social.

Cuando decidimos que nos gusta el consejo o la dirección que nos están dando -a menudo porque no lo vemos como una amenaza para nuestra libertad, porque el consejo es lo suficientemente beneficioso como para compensar la amenaza a nuestra libertad, o porque la amenaza a nuestra libertad se ha minimizado- podemos optar por cumplirlo.

Ignorar

En esta respuesta particular a la reactancia psicológica, negamos que la amenaza a nuestra libertad haya existido alguna vez. Piénsalo así: imagina que estás cenando en tu bufé favorito donde todo el mundo puede comer cuando uno de tus suegros te dice: "veo que vas a por otra ración...". Sólo puedo adivinar si elegirías rebelarte, acatar o ignorar, pero yo me pondré en modo ignorante total. Hago como si el comentario no existiera, ignoro el consejo y voy a por la cuarta ración de pollo con sésamo, aunque sé que no es bueno para mí.

Problema n° 2 – *No entendemos* – realmente pensamos que lo hacemos - pero simplemente no podemos. Los comportamientos de los demás parecen tan simples para aquellos que no "caminan en sus zapatos". En un artículo de

2017 de Chicago Booth Review, Alice Walton resume esto muy bien afirmando que *"la gente tiende a pensar que pueden entender a los demás simplemente observándolos - pero no pueden leer a la gente tan bien como piensan. Comprender a otra persona en realidad requiere obtener perspectiva estando en su situación"* Sencillamente, no poseemos la capacidad de ponernos realmente en la piel de otro, no tenemos acceso a sus experiencias personales, sentimientos, emociones, perspectivas o pensamientos.

Destacando esta incapacidad para comprender - centrándose principalmente en nuestra incapacidad para comprender el estado emocional de otra persona- la investigación científica sugiere que las personas tienen demasiada confianza en su capacidad para leer a la gente, y que a menudo son dolorosamente inconscientes de este exceso de confianza (Zhou, Majka, Epley, 2017). Heidi Grant, en un artículo para *Harvard Business Review* (2015), destaca estudios sobre compañeros de piso universitarios -examinando si con el tiempo era más probable que su compañero de piso empezara a verte como usted se ve a usted mismo- en los que se encargó a casi 400 compañeros de piso universitarios que describieran su propia personalidad junto con la de sus compañeros de piso. Los resultados fueron bastante interesantes, ya que revelaron que se tardó casi nueve meses en empezar a estar en sintonía (Grant, 2015). Grant señala además que, incluso después de nueve meses, las correlaciones entre cómo se veían a sí mismos los estudiantes universitarios y cómo los veían sus compañeros de piso eran sorprendentemente bajas.

Llevemos esto un paso más allá insertando el elemento del sesgo cognitivo. Específicamente destacando el error de atribución fundamental, o nuestra tendencia a atribuir las acciones de otra persona a su carácter o personalidad, mientras atribuimos nuestro propio comportamiento a factores situacionales externos fuera de nuestro control (Mcleod, 2018). En otras palabras, tendemos a asumir que las acciones de una persona dependen de qué "tipo" de persona es esa persona, en lugar de las fuerzas sociales y ambientales que influyen en la persona. Tendemos a ver a los demás como motivados internamente y responsables de su comportamiento. Cuando vemos cosas que no nos gustan -especialmente las relacionadas con la seguridad, como comportamientos que se consideran peligrosos o arriesgados-, nos apresuramos a juzgar. Tendemos a etiquetar a quienes vemos exhibir esos "comportamientos de riesgo" o infringir las normas como descuidados, irresponsables, densos o carentes de la debida conciencia del peligro, y rápidamente justificamos esas etiquetas subrayando que nosotros nunca nos plantearíamos hacer algo tan insensato. Nos centramos en lo que creemos que es el problema: una mala persona.

A dónde quiere llegar con esto...

Parece que se nos da fatal entendernos unos a otros y comprender las enormes fuerzas que intervienen en la formación del comportamiento. Para empeorar las cosas, tendemos a pensar que somos bastante buenos entendiendo a los que nos rodean y cómo moldear sus comportamientos. Además, nos gusta atribuir intencionalidad a las acciones de los demás, lo que nos lleva a considerarlos malas personas. Debido a estas creencias inexactas y erróneas - que nos dicen cosas como que sí entendemos, que sí sabemos lo que es mejor, que tenemos que arreglar a la gente mala- intentamos hacer cosas con nuestros trabajadores, especialmente con las relacionadas con la seguridad. Desgraciadamente, este esfuerzo (a menudo extremo) por dar seguridad a la gente tiene consecuencias imprevistas, como llevar a la gente a rebelarse o a ignorar.

Si no podemos entender a aquellos sobre los que pretendemos influir, ¿cómo podemos intentar influir en ellos? The Principles of Human and Organizational Performance (Conklin, 2019) nos dice que el contexto impulsa el comportamiento - un concepto clave de Safety Differently (Dekker, 2014) dice que no debemos decir a nuestras organizaciones qué hacer, que debemos preguntarles qué necesitan. Debemos adoptar plenamente estas ideas. Nuestros deseos de gestionar y manipular los comportamientos de los empleados, simplemente pidiendo a la gente que cambie sus comportamientos, nunca nos sale bien. Como afirma mi amigo Clive Lloyd en su reciente libro, *"los comportamientos no son el problema - son expresiones del problema"* (Lloyd, 2021). Deberíamos invertir nuestro tiempo no en gestionar comportamientos, sino en tratar de comprender el contexto que los rodea. Debemos abandonar nuestro deseo de decirle a la gente lo que tiene que hacer e inclinarnos por preguntarle lo que necesita para tener éxito. Debemos aceptar el hecho de que los comportamientos que vemos no son más que síntomas de problemas mucho más profundos dentro de nuestros mundos laborales: que son "expresiones de problemas". Debemos comprender que, de este modo, podemos adquirir conocimientos y aprendizajes profundos que nos acerquen a un verdadero sentido de la comprensión. Debemos dejar de hacer cosas a la gente -aunque nos sintamos realmente bien y como si fuera lo correcto- si queremos que las cosas realmente mejoren.

Otro breve comentario sobre la reactancia psicológica

En un artículo de *Psychology Today* escrito por Elizabeth Hall, Ph.D. (2019), describió el reencuadre de las experiencias en otras que no son una amenaza para la libertad - destacó esto como una forma en que podemos evitar la reactancia psicológica. Apoyando sus ideas, un estudio encontró que al decir a los participantes que "eran libres de decidir por sí mismos lo que es bueno para ellos" después de que se les dijera que hicieran un comportamiento de salud específico, como usar hilo dental o protector solar, fue capaz de reducir esta reactancia psicológica (Bessarabova, Fink y Turner, 2013) (Miller et al., 2007). La inclusión de la elección, la libertad y la participación en el proceso de toma de decisiones es vital para nuestros enfoques de la seguridad en el trabajo y el rendimiento humano y organizativo: estamos hablando de este cambio de hacer cosas a las personas a hacer cosas con las personas.

Reformular la experiencia

¿Cómo podemos replantear la experiencia de la "seguridad" en nuestro mundo laboral, pasando de algo que "hacemos a" los demás a algo que "hacemos con los demás"? Debemos elegir activamente hacer cosas con la gente. Antes de redactar una nueva norma o procedimiento, ¿cuánta información recibes de las personas a las que va dirigida? Antes de comprar un nuevo equipo, ¿pasa tiempo con quienes lo utilizan para comprender mejor los retos y complicaciones a los que se enfrentan a diario? Esta pregunta podría extenderse a casi todo dentro de su organización, así que me detendré aquí y me extenderé un poco más: ¿hasta qué punto implica a sus empleados en el proceso de toma de decisiones? ¿Se apoya en su experiencia? ¿Les escucha? En cuanto a la libertad y la elección, ¿tienen alguna opción o autonomía en la materia?

Es mucho, lo sé. Pero este es el cambio hacia hacer las cosas con la gente dentro de su organización.

He aquí algunos hechos: no tienes que utilizar ese nuevo y elegante equipo que apenas funciona, no tienes que pasar 40 horas a la semana trabajando con ese horrible programa informático que consume tanto tiempo, no tienes que rellenar esas interminables listas de comprobación antes de cada tarea, y no tienes que vivir a diario con los problemas que todo tu "hacer" ha causado.

Una historia sobre las instrucciones previas al trabajo...

Recientemente tuve la oportunidad de presenciar los horrores de "hacer a la gente", junto con el cambio hacia "hacer con la gente" - específicamente, en relación con el uso de informes previos al trabajo. Mientras trabajaba con una organización en su camino hacia el Rendimiento Humano y Organizativo, uno de los puntos débiles que surgió constantemente entre sus empleados fue la necesidad de completar el papeleo previo a la tarea, más concretamente la realización de informes previos al trabajo. Estoy seguro de que conoces el pedazo de desorden burocrático de seguridad al que me refiero (a veces denominado "toma 5", análisis de seguridad de la tarea, etc.). Este formulario aparentemente interminable había crecido y crecido a lo largo de los años, normalmente con cada suceso, hasta convertirse en una lista gigantesca de casillas de verificación. Oír estas frustraciones constantes despertó mi curiosidad; tenía que saber más. A lo largo de varias semanas, llevamos a cabo exploraciones de aprendizaje y equipos de aprendizaje con varios grupos de la organización -hablando con muchos de los que tenían que utilizar el formulario y con los que lo controlaban- para tratar de entenderlo.

Algunas conclusiones interesantes:

- Se mantenían buenas conversaciones previas a las tareas, sobre todo en torno a los trabajos que se consideraban de mayor riesgo. Normalmente, el formulario se rellenaba antes o después de la conversación y luego se guardaba en el escritorio del supervisor para mostrarlo a los auditores (u otros supervisores).
- Desde el punto de vista del empleado, el formulario era más útil para cubrirse las espaldas que como herramienta para promover las conversaciones sobre seguridad previas a las tareas: una cita habitual era que "los rellenamos más que cualquier otro papeleo... después de que ocurra algo malo".
- Desde el punto de vista de la organización, el formulario era una herramienta de seguridad vital, que garantizaba que se mantuvieran estas conversaciones críticas.

- Quienes controlaban el formulario lo consideraban útil para el usuario final y para prevenir incidentes.

Un aspecto clave para la organización fue que, con la mejor de las intenciones, estaban dando seguridad a sus empleados. Sencillamente, no habían sentido la necesidad de implicar a quienes debían utilizar el formulario en el proceso de construirlo, de decidir qué debía ser y cómo debía utilizarse. Así pues, los resultados fueron bastante típicos de cualquier otra empresa que implique una buena dosis de "hacer cosas a la gente": el proceso fue tremendamente ineficaz y un enorme grano en el culo. Se sentía bien, tenía buena pinta, parecía lo correcto, se podía seguir y medir, y era completa y absolutamente inútil.

Experimentar para mejorar

¿Y ahora qué? Los informes previos al empleo, al menos en Estados Unidos, suelen ser un programa impulsado por la normativa. Además, a menudo funcionan como reductores de la ansiedad de las organizaciones y como mecanismos para que los individuos y las organizaciones muestren su cuidado y diligencia en torno a las cuestiones de seguridad (Havinga, Shire, Rae, 2022). Para muchos, dejar de lado las instrucciones previas al trabajo sencillamente no es una opción. Estas son las circunstancias en las que se encontraba esta organización en particular, una forma que no iba a desaparecer pronto.

Estaban atascados en un formulario regulado, que la empresa no estaba dispuesta a abandonar, pero que no funcionaba en absoluto y generaba muchos quebraderos de cabeza.

Se llegó a un acuerdo general con la dirección de esta organización, que permitía a los principales usuarios del proceso crearlo. Sólo se establecieron dos normas: 1) el proceso (y el formulario que lo acompañaba) tenía que cumplir los mínimos de la norma OSHA, y 2) ya no podía apestar.

Trabajando juntos en pequeños grupos, varios equipos formados por usuarios finales del proceso junto con aquellos que lo habían controlado históricamente, produjeron un puñado de prototipos. A continuación, estos prototipos se distribuyeron entre varios equipos sobre el terreno, a los que se pidió que probaran el nuevo formulario y propusieran cambios. Cada equipo se reunía periódicamente con los grupos que experimentaban con su prototipo concreto para recabar información y aprender más cosas, y utilizaba esta información para introducir cambios en el prototipo en tiempo real antes de volver a utilizarlo para nuevas pruebas. Este ciclo de pruebas y modificaciones continuó hasta que cada grupo consideró que había creado el mejor producto posible.

Aquí es donde las cosas se ponen un poco más interesantes. Hay que tener en cuenta que estos equipos experimentaban de forma totalmente independiente. Una vez que cada grupo tenía un producto acabado, entregaba su formulario a otro grupo para que lo probaran sobre el terreno y les dieran su opinión. El proceso de pruebas y modificaciones continuó durante unos cuantos ciclos más para pulir sus prototipos y convertirlos en borradores finales.

A continuación, los equipos se reunieron para informar, compartir experiencias y ver si era posible reunir los distintos prototipos pulidos en uno solo. Así lo hicieron gracias a las conversaciones que mantuvieron y a las pruebas que siguieron realizando sobre el terreno.

¿Qué aspecto tenía el producto final? No era ni de lejos lo que la organización había considerado útil en un principio: un enorme formulario de cuatro páginas que abarcaba desde el atado de cordones hasta el control de energías peligrosas. El nuevo formulario -el que se elaboró con las personas que tenían que utilizarlo- era sencillo, limpio, elegante y se centraba en las cosas que les importaban. Las áreas en las que se centraba principalmente el producto final:

- STKY (mierda que te mata)
- Controles de salvamento
- Verificación de los controles de salvamento
- Otros STRM (mierda que realmente importa)

El formulario final acabó siendo de una sola página, una página llena de cosas muy significativas. El formulario pasó de no ser más que un desorden de seguridad hinchado y sin utilizar a ser, como mínimo, algo que los empleados consideraban valioso para ellos. Este es el cambio de hacer cosas a las personas a hacer cosas con ellas: ese es el poder de hacer cosas con nuestras organizaciones.

Las personas son la solución: pregúnteles qué necesitan...

PUNTOS CLAVE

Dejemos de decirle a la gente lo que tiene que hacer y centrémonos en preguntarle lo que necesita.

Debemos replantear la experiencia de la "seguridad" en nuestro mundo laboral, pasando de algo que "hacemos a los demás" a algo que "hacemos con los demás".

Hacer cosas con la gente es un acto deliberado

Inclinarse hacia la participación de los empleados y la microexperimentación

LLEVARLO A LA PRÁCTICA

- Tratar de cambiar los supuestos organizativos que crean un deseo de gestión, manipulación y modificación de los comportamientos de los empleados como mecanismo de control.
- Crear oportunidades para implicar a los empleados en el proceso de toma de decisiones
- Encontrar áreas de mejora y permitir que los empleados hagan microexperimentos y propongan sus propias soluciones.

10 IDEAS PARA QUE LA SEGURIDAD APESTE MENOS

APRENDER DELIBERADAMENTE Y A MENUDO DE LOS GSD

TEMAS DE CONVERSACIÓN

¿Cómo enfoca actualmente su organización el aprendizaje?

¿Con qué frecuencia busca comprender el "trabajo normal"?

¿Cuál es el enfoque habitual de su organización para aprender de los imprevistos?

"Cuando me di cuenta de lo que había pasado, se me revolvió el estómago, no podía concentrarme y tuve que dejar el trabajo", dijo un mecánico bastante corpulento y de aspecto duro mientras intentaba contener las lágrimas. "Podría haber matado a alguien...", dijo, secándose las lágrimas que le corrían por la cara. El mecánico continuó explicando cómo había bloqueado una pieza del equipo -algo que había hecho cientos de veces antes- para preparar la próxima tarea de otro equipo. Detalló cómo llevó a cabo este proceso de bloqueo siguiendo metódicamente el plan paso a paso, cómo tuvo que hacerlo en mitad de la noche debido a la necesidad de reparar y volver a poner en marcha este equipo crítico, cómo no pudo encontrar pilas para su linterna, cómo otro empleado verificó que era "correcto", y proporcionó una gran cantidad de información contextual relacionada con el trabajo. "Cuando nos dimos cuenta de que el cierre era incorrecto, me derrumbé. Fue como si alguien me hubiera dado un puñetazo en las tripas", dijo el mecánico. Describió sus sentimientos de miedo y decepción, y su profundo sentido de la responsabilidad por lo ocurrido. "Tenía miedo de haber matado a alguien...", vuelve a decir mirando al suelo. "¿Qué ocurrió? le pregunté. El mecánico me explicó que no había heridos ni muertos, que nada había resultado dañado y que su miedo inicial a que sus acciones hubieran matado a uno de sus amigos se había convertido en miedo a perder su trabajo. "Me tomé unos días para pensar", dijo. "Tenía que alejarme y pensar, no podía hacer mi trabajo porque estaba demasiado inestable...", explicó.

Este empleado era nuevo en la empresa, pues había empezado a trabajar en ella un par de años antes del suceso. También es importante mencionar que, unos años antes de que el mecánico iniciara su carrera en la empresa, ésta había empezado a trabajar en el ámbito del rendimiento humano y organizativo, adoptando específicamente el uso de equipos de aprendizaje.

"Tenía mucho miedo de que me despidieran", dijo el mecánico. Y añadió: "Deberían haberme despedido, me lo merecía...". Le pregunté entonces cómo le habían ido las cosas después del suceso, teniendo en cuenta que no le habían despedido. "Fue muy diferente", dijo, ya sin llorar. "Definitivamente no era lo que esperaba", continuó. El mecánico continuó explicando cómo la empresa le había acogido, cómo no le habían culpado y cómo le habían involucrado en el proceso de aprendizaje. Detalló que no le interrogaron, sino que le pidieron que formara parte de un equipo de aprendizaje. "Me preguntaron si estaría dispuesto a formar parte de un equipo de aprendizaje, algo de lo que nunca había oído hablar, para ayudar a mejorar las cosas", explicó el mecánico.

Esta historia, centrada en la restauración y el aprendizaje, surgió de una experiencia reciente que tuve trabajando con una organización concreta. Estábamos realizando exploraciones de aprendizaje sobre "cómo iban las cosas" a medida que la empresa continuaba su cambio hacia el Rendimiento Humano y Organizativo, buscando lo bueno, lo malo y lo feo para comprender mejor el estado actual de la organización tras cinco años de un cambio decidido hacia el HOP. Otras historias, como la mencionada anteriormente, salieron a la superficie durante estas exploraciones conversacionales de la realidad vivida. Historias sobre cómo las cosas parecían diferentes, cómo estaban mejorando y sobre áreas en las que era necesario centrarse.

Qué gran ejemplo de aprendizaje a propósito, de ir más allá de la culpa en busca del aprendizaje, y de abrazar el aprendizaje de aquellos que GSD (get shit done) (hacer las cosas bien). La historia anterior demuestra lo mucho que puede cambiar una organización mediante la aplicación del Desempeño Humano y Organizativo: esta empresa podría haberse descrito fácilmente como centrada en la "culpa y la vergüenza" en los años anteriores a su cambio. Qué diferencia en la experiencia vivida por los empleados que trabajan en la empresa - conversaciones crudas y reales (como la de arriba) nunca habrían tenido lugar antes de que las organizaciones se alejaran de la culpa y la vergüenza. Este cambio hacia el Rendimiento Humano y Organizativo (y el uso de equipos de aprendizaje) permitió al empleado implicado compartir su historia, compartir la historia "real" de su trabajo, y participar activamente en el aprendizaje - permitió a la organización obtener información cruda y real. ¿Cuál fue el resultado? El empleado implicado, junto con la organización, tuvo una experiencia positiva y significativa que dio lugar a una gran cantidad de aprendizaje operativo.

Métodos de aprendizaje centrados y menos centrados

Esta historia pone de relieve el uso de dos métodos concretos para obtener inteligencia operativa de vital importancia: el uso de equipos de aprendizaje y el uso de exploraciones de aprendizaje. Un equipo de aprendizaje puede definirse como una forma de enfocar la seguridad, la calidad y la excelencia operativa de manera diferente -implicando y empoderando a los que hacen el trabajo- para impulsar mejoras tanto a nivel de los trabajadores como de la organización (Sutton, McCarthy, Robinson, Conklin, 2020). Las exploraciones de aprendizaje pueden describirse más bien como un enfoque orgánico y de "estilo libre" -basado en los conceptos y principios generales de los equipos de aprendizaje- que permite a las organizaciones buscar (mientras aprenden mucho por el camino) oportunidades para un aprendizaje operativo más profundo y centrado.

Suelo aplicar estos métodos de forma flexible en función de lo que estemos analizando y de los resultados que esperemos obtener. A menudo, los equipos de aprendizaje se utilizan para explorar problemas u oportunidades de mejora, buscando información valiosa, rica en aprendizaje y contextualizada, con la esperanza de generar soluciones para determinados puntos de dolor, cuestiones o problemas. Las exploraciones de aprendizaje deberían considerarse más bien como un punto de partida menos granular -el lanzamiento de una amplia red- para descubrir oportunidades sobre las que deberíamos tratar de aprender más. Aunque se suelen captar algunas soluciones, la resolución formal de problemas no es el objetivo final de una exploración de aprendizaje. Suelo inclinarme por el uso de equipos de aprendizaje más estructurados y formales en torno a cosas como eventos, sorpresas operativas, la resolución de puntos críticos o problemas concretos y otros exámenes más específicos, al tiempo que utilizo estas exploraciones de aprendizaje aún menos rígidas y menos centradas para tener una visión más amplia de cosas como la realidad organizativa actual, la experiencia vivida, las historias y el saber popular de la organización, la eficacia del enfoque general y otras áreas de interés menos específicas. A menudo, las exploraciones de aprendizaje dan lugar al uso de equipos de aprendizaje más específicos y centrados para resolver problemas o explorar cosas más a fondo, basándose en lo aprendido durante las exploraciones.

Algunos principios y conceptos clave del aprendizaje

Según The Practice of Learning teams (Sutton et al. 2020), existen cinco principios básicos de los equipos de aprendizaje:

- Intentar comprender el trabajo imaginado y el trabajo realizado proporciona una valiosa información contextual.
- Los grupos superan a los individuos en la identificación y resolución de problemas.
- Los trabajadores son quienes mejor conocen y comprenden los problemas a los que se enfrentan.
- Cuanto más esfuerzo se dedique a comprender el problema, mejores serán las soluciones que surjan.
- Proporcionar "tiempo de reflexión" impulsa el aprendizaje y la mejora.

Queremos aprender de los que hacen el trabajo, porque sólo ellos tienen el verdadero conocimiento y la experiencia de cómo suceden las cosas en la vida real. Las personas que mejor hacen el trabajo son las que mejor lo entienden. Saben dónde no funcionan las cosas, dónde tienen que arreglárselas, dónde tienen que esforzarse y dónde nuestros sistemas funcionan mal, crean quebraderos de cabeza o hay que evitarlos. Puesto que no podemos comprender la realidad del trabajo, debemos aprender deliberadamente de quienes sí la comprenden. Buscamos esta inteligencia operativa vital porque entendemos que las personas son la solución y que debemos preguntarles qué necesitan para tener éxito (Dekker, 2014). Sin este "espejo" de la realidad del trabajo en nuestras organizaciones, prácticamente funcionamos a ciegas.

Tenemos arraigada en la mente una imagen de cómo es el trabajo, cómo debería desarrollarse, cómo se consiguen los éxitos y cómo se producen los acontecimientos. El problema es que la forma en que imaginamos que suceden las cosas y la forma en que suceden en realidad son dos cosas muy distintas. Lo cierto es que nunca entenderemos, con un 100% de exactitud, cómo se hacen las cosas en nuestro mundo laboral. Pero debemos tratar de entenderlo mejor permitiendo que los que sí lo entienden (las personas que hacen el trabajo) nos enseñen la realidad a la que se enfrentan a diario; debemos buscar este aprendizaje deliberada y frecuentemente. Cuanto mejor comprendamos la realidad del trabajo, mejor será nuestro mundo laboral.

Conceptos básicos del equipo de aprendizaje

Así que quiere formar un equipo de aprendizaje, ¿y ahora qué? Antes de examinar el "cómo" llevar a cabo equipos de aprendizaje, permítame insertar aquí una advertencia, algo que he visto ocurrir en muchas organizaciones. No complique en exceso el proceso ni se obsesione demasiado con la estructura: un poco la idea aquí es que estos enfoques son menos formales, menos rígidos, menos lineales y más abiertos y reales. No permita que sus deseos organizativos de uniformidad y repetibilidad se interpongan entre usted y el aprendizaje real. Evite caer en las trampas de la excesiva procedimentalización, de buscar el control absoluto del proceso, de matar el aprendizaje y la innovación mediante la aplicación de normas estrictas. Evite a toda costa convertir esta herramienta sencilla e inmensamente valiosa en algo que no es.

Los pasos más básicos utilizados para dirigir un equipo de aprendizaje pueden describirse como 1) aprender, 2) empaparse y 3) resolver. Estos pasos suelen ampliarse a cinco.

Los cinco pasos de un equipo de aprendizaje:

1. Preparar
2. Aprender
3. Remojar
4. Mejorar
5. Actuar

Analicemos cada uno de estos pasos con más detalle...

Prepare

Una vez identificada la necesidad de formar un equipo de aprendizaje, deberá tomarse un tiempo para prepararse adecuadamente. Durante este tiempo, deberá reunir todo el material que considere necesario (a mí me gustan mucho los rotafolios) y recopilar toda la información necesaria (información sobre el evento, datos técnicos, manuales, etc.)

Aprenda

Esta primera reunión de su equipo debe consistir únicamente en aprender todo lo posible. En este punto del proceso, deberíamos evitar a propósito sumergirnos en el modo "arréglalo". El tiempo de esta sesión debe dedicarse a que el equipo discuta y descubra cómo se hace realmente el trabajo.

Empápese

Este punto de reflexión es una de las partes más vitales del proceso de aprendizaje en equipo (Sutton et al., 2020), no hay que saltárselo. Como personas, necesitamos tiempo para absorber la información y permitir que las ideas y otra información afloren a la superficie. En la práctica, suelo separar la primera y la segunda reunión aproximadamente un día. Demasiado tiempo entre una reunión y otra hace que se olvide o se pierda de vista información o ideas vitales; si las reuniones se celebran demasiado cerca, no hay tiempo suficiente para pensar. Este tiempo entre reuniones puede variar - céntrese en intentar encontrar "el punto óptimo".

Mejorar

Luego de un breve repaso de todo lo aprendido hasta el momento, en esta segunda sesión se empezará a orientar la conversación hacia la mejora, tomando todo lo aprendido en la primera sesión y convirtiéndolo en ideas reales sobre cómo mejorar las cosas.

Actuar

Ahora empezamos a convertir estas ideas en acciones que añaden defensas, eliminan situaciones que invitan al error, solucionan problemas o puntos conflictivos y mejoran las cosas. Cualquiera que sea el método que su organización utilice normalmente para realizar el seguimiento y completar las acciones funcionará aquí, pero no permita que un pesado proceso de seguimiento de las acciones disuada a la gente de utilizar o participar en el proceso del equipo de aprendizaje.
Cómo se desarrollan estos cinco pasos...

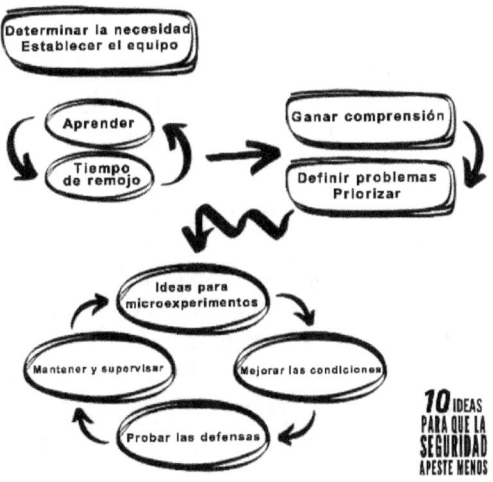

"Ciclo del Equipo de Aprendizaje"
(adaptado de Edwards, Baker, Conklin)

Cuándo utilizar equipos de aprendizaje

Los equipos de aprendizaje pueden utilizarse siempre que se necesite aprender más sobre algo. Los acontecimientos, los éxitos interesantes y los puntos débiles concretos son áreas en las que se puede profundizar y tratar de comprender mejor. Los equipos de aprendizaje pueden utilizarse prácticamente en cualquier lugar, pero debemos reconocer las realidades de tiempo, presupuesto y recursos a las que nos enfrentamos en nuestras organizaciones. Un problema que veo a menudo es que, una vez reconocido el poder de los equipos de aprendizaje en una organización, surge el deseo de crear un equipo de aprendizaje para casi todo. Una buena dosis de priorización es clave para no volverse "loco por los equipos de aprendizaje".

Otro elemento clave que he encontrado útil para evitar volverse "loco por los equipos de aprendizaje" es la adopción de microequipos de aprendizaje, es decir, permitir que equipos de aprendizaje más pequeños y más orgánicos dirigidos por los trabajadores resuelvan los problemas del equipo o del grupo. Muchas organizaciones desaconsejan este tipo de actividades por su naturaleza independiente, temiendo que el equipo de aprendizaje no siga su proceso o que no comparta el aprendizaje con toda la organización. No sólo debe permitir estos microequipos de aprendizaje, sino que debe fomentarlos. Su naturaleza independiente -algo que la mayoría de las organizaciones consideran negativo- es exactamente lo que los hace muy valiosos. Además, no se obsesione tanto con el intercambio de conocimientos que haga que el aprendizaje no se produzca. Las personas que trabajan en su mundo laboral compartirán información - información que consideren digna de compartir - con otras personas de su organización. He sido testigo una y otra vez de cómo un grupo o una cuadrilla de trabajadores compartían con orgullo con toda la organización cómo habían mejorado las cosas. ¿Sabrá usted de cada oportunidad de aprendizaje o equipo de aprendizaje que se produzca? No, no conocerías esa información ni siquiera con el más estricto control y supervisión. No se asuste, acepte parte de este "no saber", anime a sus empleados a salir y aprender, y coseche los frutos.

Echemos un vistazo a algunas áreas en las que sería apropiada la aplicación de equipos de aprendizaje más formales:

Equipos de aprendizaje para eventos

Teniendo en cuenta que un equipo de aprendizaje es una herramienta de aprendizaje operativo que reúne a los que están más cerca del trabajo para describir cómo se realiza realmente el trabajo sobre el terreno (Edwards y Baker), un equipo de aprendizaje posterior a un suceso reúne a las partes interesadas (apropiadas) y a los empleados relacionados con el suceso, para tratar de conocer la historia de cómo cada persona vio el suceso, la historia de la complejidad y la variabilidad normal, y la historia del trabajo normal, para mejorar nuestra comprensión de los procesos y sistemas (Sutton et al., 2020).

Los equipos de aprendizaje posterior al suceso no deben:

- Buscar culpables
- Actuar como investigadores
- Centrarse en la monocausalidad

Según Edwards y Baker, nuestro objetivo debe ser aprender lo suficiente como para poder comprender las perspectivas de aquellos de quienes estamos aprendiendo, es decir, que podamos vernos fácilmente en su lugar. Al comprender las condiciones en que se encontraban los empleados implicados, la información y las indicaciones locales de que disponían, las herramientas y el equipo que utilizaban y las presiones a las que estaban sometidos, se crea empatía industrial (Edwards et al.).

Éxitos Interesantes

Como organizaciones, pasamos mucho tiempo intentando comprender por qué las cosas van mal, invirtiendo mucho tiempo y recursos en ello. Parece que tenemos mucha menos curiosidad o preocupación por el éxito que se produce cada día en nuestro mundo laboral.

Solemos suponer que las consecuencias negativas son el resultado de causas negativas, que si no estamos experimentando acontecimientos negativos, entonces no está ocurriendo nada negativo, que si los resultados que estamos experimentando son buenos, entonces seguramente todo debe ir bien (Dekker, 2014). Caemos en esta trampa muy a menudo. Pero nuestro mundo laboral es tremendamente complejo: incluso un mal proceso puede conducir a buenos resultados y un buen proceso puede conducir a malos resultados (Dekker, 2014). Tratar de entender cómo sucede el trabajo normal -las razones por las que el trabajo suele tener éxito- es un área por la que deberíamos sentir una curiosidad obsesiva.

Teniendo en cuenta que todas las organizaciones, incluso las más grandes, tienen una cantidad finita de tiempo y recursos, debemos aplicar cierto nivel de clasificación y priorización a nuestros esfuerzos de aprendizaje, de ahí la parte "interesante". Concéntrese en las cosas que son ricas en aprendizaje: el trabajo que ha ido muy bien, el trabajo que no debería haber ido bien, pero lo hizo de todos modos, y otros "puntos brillantes" interesantes dentro del trabajo normal.

Puntos débiles

Preste atención a las señales de dolor en sus sistemas y procesos. Los puntos de dolor en nuestro mundo laboral, al igual que el dolor físico que sentimos las personas, suelen ser una señal de peligro. Los puntos de dolor, al igual que otras señales débiles emitidas por nuestros sistemas, son señales de problemas en el horizonte. Preste atención a estos puntos de dolor y apóyese en ellos, ya que a menudo son oportunidades de aprendizaje para mejorar la organización. Los puntos débiles suelen sonar como:

- Eso nunca funciona bien...
- Es demasiado difícil...
- No sé por qué...
- Es tan tonto que tengamos que...
- Tenemos que conformarnos con...
- No podemos...
- Y muchas más...

Los puntos dolorosos contienen una gran cantidad de información sobre cómo se desarrolla normalmente el trabajo: suelen contar la historia de trabajadores que rinden por encima de sus posibilidades y hacen que las cosas sucedan en un sistema que lucha contra ellos. Son oportunidades que no debemos ignorar. Los puntos de fricción son el punto de partida de exploraciones profundas y significativas de los retos a los que se enfrentan los trabajadores a diario: pueden conducirnos a aprendizajes enriquecedores y ayudarnos a iniciar el proceso de hacer que nuestros sistemas sean mejores para aquellos a los que se supone que deben apoyar.

El uso de las exploraciones del aprendizaje

Como se ha mencionado anteriormente, las exploraciones del aprendizaje pueden describirse como un enfoque de "estilo libre", orgánico y conversacional que se utiliza para buscar oportunidades de aprendizaje operativo más profundo y centrado. Cuando utilizamos las exploraciones del aprendizaje, lanzamos una amplia red para ver qué se puede sacar a la superficie. Estas sesiones no se centran necesariamente en la generación de soluciones: las exploraciones del aprendizaje consisten en escuchar las áreas en las que deberíamos tratar de aprender más.

Los cuatro pasos básicos de una exploración del aprendizaje:

1. Identificar un área de exploración
2. Realizar sesiones
3. Evaluar
4. Buscar un aprendizaje más profundo

Dediquemos algún tiempo a explorar cada uno de estos pasos con más detalle...

Identificar un área de exploración

En el ejemplo anterior, las exploraciones del aprendizaje se utilizaron para pulsar el progreso de la empresa en relación con la adopción del Desempeño Humano y Organizativo, con el fin de comprender mejor en qué aspectos las cosas iban bien, en cuáles no iban tan bien y en qué áreas podían mejorarse. Las exploraciones del aprendizaje pueden utilizarse en casi cualquier situación en la que no se haya identificado un punto débil o un problema que deba solucionarse, pero se crea que existen puntos débiles, problemas u otras oportunidades de aprendizaje.

Aplique un enfoque amplio, pero evite ser demasiado amplio: debe haber un cierto nivel de concentración en el uso de estas exploraciones o correrá el riesgo de sobrecarga de información. Defina de antemano los parámetros de sus esfuerzos exploratorios: ¿sobre qué espera aprender más? ¿A qué cree que hay que prestar atención? ¿Dónde ha oído rumores de posibles oportunidades de aprendizaje? A partir de ahí, trace sus preguntas exploratorias o "temas de conversación".

En lugar de hacer preguntas demasiado generales como "¿Puede decirme cómo van las cosas?", pregunte cosas más parecidas a "Nos hemos esforzado por mejorar (inserte algo aquí). ¿Puede contarme sus experiencias al respecto?" o "¿Puede enseñarme sus experiencias con (inserte aquí algo)?".

Dirigir las Sesiones

Dirigir una exploración del aprendizaje es muy similar a dirigir un equipo de aprendizaje, con la notable excepción de la ausencia de una segunda sesión y de tiempo de remojo. Recuerde que no buscamos resolver problemas, sino aprender sobre problemas de los que aún no tenemos conocimiento. Estas exploraciones de aprendizaje son más de escucha y triaje que de inmersión profunda y resolución de problemas.

Por lo general, una exploración del aprendizaje puede completarse en una sola sesión, de unos 90 minutos de media según mi experiencia. Pero las exploraciones de aprendizaje suelen consistir en varias sesiones únicas que se llevan a cabo en varios grupos diferentes: piense en diferentes grupos o cuadrillas que comparten o trabajan con los mismos sistemas. Una vez más, nuestro objetivo es abarcar un poco más y captar una amplia gama de información contextual.

Evalúe

Con esta nueva información en la mano, ha llegado el momento de analizarla. Los distintos elementos pueden (y a menudo deben) agruparse en categorías generales más amplias. Por ejemplo, durante unas recientes exploraciones de aprendizaje con una organización, surgieron varios problemas con los planos de ingeniería durante nuestras sesiones. Cada problema era un poco diferente -desde la falta de dibujos hasta la imposibilidad de imprimirlos-, pero era una indicación muy clara de que había problemas más profundos en el sistema. Cada uno de estos puntos de dolor únicos se categorizó como "dibujos de ingeniería". Esta información se utilizó entonces para salir y dirigir equipos de aprendizaje centrados en generar mejoras específicas del sistema.

Además, algunas de las cosas que se descubren son elementos independientes. A veces pueden trasladarse rápidamente a equipos de aprendizaje más formales, algunos incluso pueden ser soluciones directas. En cualquier caso, asegúrese de evaluar esta información a fondo y esté atento a las oportunidades de mejorar directamente los problemas o de profundizar en ellos.

Buscar un aprendizaje más profundo

Una vez clasificadas y priorizadas las áreas que requieren un aprendizaje más profundo, ha llegado el momento de hacerlo. Aquí es donde podemos empezar a hacer un seguimiento, solucionar problemas específicos o crear equipos de aprendizaje más formales para trabajar en los puntos débiles, los problemas o las oportunidades de mejora descubiertos durante nuestras exploraciones de aprendizaje.

Algunos temas de conversación básicos para las exploraciones de aprendizaje:

- ¿Cómo van las cosas con (inserte algo aquí)?
- ¿Qué nos falta con (inserte algo)?
- Hemos empezado a hacer (insertar algo), ¿qué tal te va?
- Parece que somos realmente buenos en (inserte algo aquí), ¿por qué cree que es así?
- Hemos pasado por muchos cambios últimamente con (inserte algo aquí), ¿cómo ha sido su experiencia con eso?
- ¿Puede contarme su experiencia con (inserte algo)?
- Y muchas más...

Para empezar

Me encuentro con muchas organizaciones paralizadas por el miedo a probar algo nuevo o diferente. No tenga miedo de dar una oportunidad a los equipos de aprendizaje o a las exploraciones de aprendizaje: pruebe uno y vea cómo funciona. Le aseguro que el resultado no le decepcionará. Le animo a que empiece poco a poco y vaya tanteando el terreno a lo largo del proceso: permítase fracasar a pequeña escala.

A menudo escucho cosas de las empresas como "no podemos hacer eso, estamos obligados a hacer una causa raíz", o "nuestros procedimientos actuales nos obligan a hacer X, Y y Z", utilizando estas normas y requisitos como obstáculos para el uso de equipos de aprendizaje. Comprendo bien estos retos, ya que yo mismo los he vivido mientras trabajaba directamente para organizaciones que intentaban iniciar su andadura en el ámbito del rendimiento humano y organizativo. ¿Cómo superamos estos obstáculos para implantar el uso de equipos de aprendizaje? Los hicimos de todos modos: nos pusimos manos a la obra. Si bien es posible que su organización tenga una norma que exija la realización de un análisis de causa raíz, es muy poco probable que tenga una norma que prohíba el uso de equipos de aprendizaje. En torno a los eventos en particular, empezamos a hacer ambas cosas: cumplir lo que exigía el procedimiento o la norma, y al mismo tiempo realizar también un equipo de aprendizaje independiente. Hacer el doble de trabajo nunca es divertido, pero por frustrante que fuera, merecía la pena. Hacer las dos cosas nos permitió demostrar fácilmente la diferencia entre los dos métodos y comparar la cantidad de aprendizajes obtenidos.

Si esto sigue siendo demasiado para su organización, reduzca aún más la barrera de entrada y céntrese simplemente en tratar de conocer las áreas susceptibles de mejora. Elija algo con lo que la gente tenga problemas, un área que le dé quebraderos de cabeza o una oportunidad de mejora, e inténtelo. Encuentre un problema al que se enfrenta la gente y utilice un equipo de aprendizaje para resolverlo. Haga esto un puñado de veces, cuente bien la historia de esta información rica y contextual a través de su organización, y el progreso de estos esfuerzos no será ignorado. A menudo, el único obstáculo real para el uso de equipos de aprendizaje es simplemente el hecho de empezar a crearlos.

Sea curioso, busque comprender y salga a aprender deliberadamente y a menudo de los que hacen las cosas bien.

PUNTOS CLAVE

Utilice los equipos de aprendizaje o las exploraciones de aprendizaje para todo aquello sobre lo que desee aprender más.

Preste especial atención al aprendizaje sobre el trabajo normal: intente aprovechar la realidad vivida.

Tenga cuidado de no crear demasiada estructura o rigidez en torno al proceso.

No tenga miedo de empezar: empiece poco a poco y experimente, y luego vaya a lo grande.

LLEVARLO A LA PRÁCTICA

- Busque deliberadamente oportunidades ricas en aprendizaje para empezar
- Empezar poco a poco y formar un equipo de aprendizaje en un entorno "seguro para fracasar".
- Empiece experimentando y tanteando el camino a través del proceso.
- Concéntrese en compartir estas conversaciones ricas en contexto en toda la organización.

LOS PUNTOS DE DOLOR SON PUNTOS DE PARTIDA

TEMAS DE
CONVERSACIÓN

¿Invierte actualmente su empresa tiempo en descubrir y conocer los "puntos débiles" de la organización?

En caso afirmativo, ¿cómo?

¿Cuál es la reacción habitual de la organización cuando los empleados plantean "puntos débiles" o problemas?

¿Qué es exactamente el dolor? Más allá de ese dolor de espalda o de muelas, de esa horrible sacudida recibida tras coger una sartén caliente del horno o de esa horrible sensación que se siente al pisar el juguete de un niño en mitad de la noche... ¿Qué es el dolor y cuál es su finalidad?

La finalidad del dolor

El dolor funciona principalmente como un mecanismo de defensa que nos aleja del daño. El dolor provoca una respuesta física inconsciente y está ahí para advertir a un organismo de que algo le está causando daño y de que debe hacer algo al respecto, como retirar la mano de esa sartén caliente (Munro, 2015).

La importancia del dolor es bastante clara en esta situación: puede que no nos diéramos cuenta de que estábamos tocando esa sartén caliente y causando un daño irreversible. Aunque nos resulte fácil soñar con una vida sin dolor -sin más dolores de cabeza, quemaduras solares o dolores de espalda-, el dolor es vital para nuestra supervivencia.

La finalidad del dolor en nuestro mundo laboral

El propósito de los puntos de dolor en nuestro mundo laboral no es muy diferente de la razón por la que nuestro cuerpo siente dolor: el dolor es una señal de que algo va mal, de que algo no funciona y de que hay muchas probabilidades de que surjan problemas mayores en el horizonte. Algo nos está causando daño y hay que hacer algo al respecto. Al igual que esas sensaciones punzantes que experimentamos al agarrar esa sartén caliente o al pisar ese LEGO mientras buscamos un tentempié a medianoche, nuestros puntos de dolor organizativos también intentan decirnos algo. A menudo, el dolor nos dice que tenemos que actuar, que tenemos que arreglar o que tenemos que dejar de hacer lo que sea que nos esté causando dolor.

Mientras que como individuos experimentamos dolor directamente por cosas como una quemadura de sol o abrirnos en canal con una navaja (tengo una bonita cicatriz de eso), nuestros puntos de dolor organizativos se manifiestan a menudo como luchas, retos, presiones y cosas por el estilo. Estos puntos de dolor se presentan habitualmente como un equipo que se avería constantemente, un proceso o norma que hace casi imposible realizar el trabajo, trabajos o proyectos con poco personal, normas que no tienen sentido, la imposibilidad de obtener los recursos o suministros necesarios y otros aspectos que crean quebraderos de cabeza y sufrimiento a quienes intentan realizar el trabajo.

Puntos débiles habituales en la organización:

- Cosas que son más difíciles de lo que deberían ser
- La gente no puede conseguir lo que necesita: herramientas, equipos, financiación, ayuda, etc.
- Normas frívolas y políticas difíciles de seguir
- Procedimientos u orientaciones imposibles de utilizar
- Y muchos más...

Como ya se ha dicho, los puntos débiles suelen sonar como:

- Esa cosa nunca funciona bien...
- Es demasiado difícil...
- No sé por qué...
- Es tan tonto que tengamos que...
- Tenemos que conformarnos con...
- No podemos...
- Y muchas más...

Estos puntos de dolor suelen ser fuentes de molestia y frustración inducidas por la organización para quienes intentan hacer el trabajo: estos problemas generadores de dolor suelen haber sido creados por nuestra propia mano. En la mayoría de los casos, los creamos con la mejor de las intenciones. Teníamos grandes esperanzas de hacer que nuestros lugares de trabajo fueran un poco más seguros, más productivos, más rentables o un poco "mejores" de alguna otra manera. Lanzamos un nuevo "algo" o cambiamos un viejo "algo", con poca o ninguna aportación significativa de los que realmente tienen que usar o vivir con ese "algo", y desde nuestro punto de vista nuestro "algo" parece un éxito delirante. Mientras nos damos palmaditas en la espalda por un trabajo bien hecho, nuestros empleados se ven obligados a adaptarse penosamente, crear soluciones provisionales, arreglárselas y resolver las cosas, trabajando dentro del nuevo lío de problemas que hemos creado. Sencillamente, carecemos de la perspectiva adecuada y rara vez la buscamos.

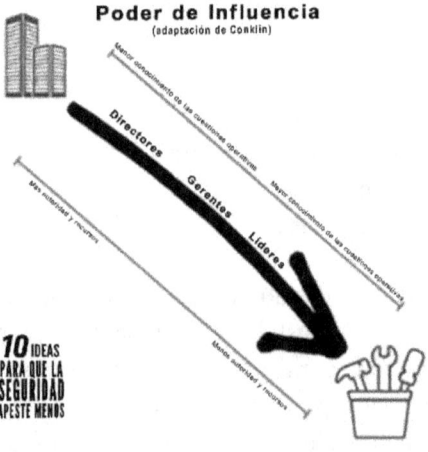

Una de las diferencias más notables entre el dolor personal y el dolor que se produce en nuestro mundo laboral es que nosotros, como organizaciones (los que estamos por encima y por debajo del lugar donde se realiza el trabajo), no experimentamos directamente esas sensaciones punzantes y punzantes. A diferencia de lo que ocurre cuando nos damos un golpe en el sofá o nos pillamos la espinilla con un enganche, los que están arriba y lejos en nuestras organizaciones no sienten directamente estas fuentes de dolor. Los que están más alejados de la línea de mando (los que a menudo ejercen la mayor cantidad de poder y recursos para aliviar o minimizar las fuentes de dolor organizativo) no pueden sentir directamente los dolores que sienten los que están en la línea de mando (los que normalmente ejercen la menor cantidad de poder y recursos para aliviar o minimizar las fuentes de dolor organizativo). El director general no siente el dolor de tener que utilizar un equipo nuevo y poco fiable, sólo lo ve como un ahorro de costes. El director de seguridad que promulgó una norma que exige el uso de gafas de seguridad forradas de espuma no siente el dolor de que se empañen constantemente: sólo ve un mayor nivel de protección. El gestor o planificador que ha asignado poco personal a un proyecto no tiene que trabajar horas extra para asegurarse de que el trabajo se completa en la fecha prevista: sólo ve que el proyecto se completa a tiempo y por debajo del presupuesto.

Puntos de vista

(adaptado de Conklin)

Mirando hacia abajo...   **Mirando hacia dentro...**

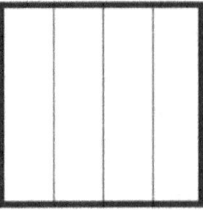   

desde arriba en la organización   desde la base

Hay que reconocer y explorar a fondo las fuentes de dolor a las que se enfrentan nuestros trabajadores dentro de nuestras empresas, ya sean inducidas por la organización, resultado de presiones o influencias externas, o nacidas de otras complejidades o complicaciones de nuestras industrias u oficios. Para empezar a hacerlo, debemos aceptar que nosotros, los que ascendemos en la organización, tenemos un punto de vista diferente, una versión diferente de la realidad, que los que hacen el trabajo. Si aceptamos este hecho y nos inclinamos por la idea de que no podemos comprender la realidad a la que se enfrentan quienes trabajan sobre el terreno, debemos empezar a adoptar una curiosidad operativa extrema, un deseo constante de comprender mejor cómo se desarrolla normalmente el trabajo. Aprender más y más sobre el trabajo normal nos permitirá descubrir, y trabajar con los que hacen el trabajo, para mejorar o remediar estos puntos de frustración y dolor.

Nuestras reacciones típicas al dolor organizativo

Uno de los *5 Principios del Desempeño Humano y Organizacional* enseña que *"cómo respondes al fracaso importa"* (Conklin, 2019). Cuando nos enfrentamos a algo inesperado, especialmente cosas negativas o no deseadas, a menudo reaccionamos con emoción en lugar de responder con gracia. Afrontémoslo, parte de lo que aprendemos dentro de nuestros mundos laborales no es seriamente bueno, y a veces es francamente aterrador. Al recibir malas noticias, permitimos que nuestras emociones - a menudo el miedo - saquen lo mejor de nosotros y entramos en pánico, nos asustamos, arremetemos, ignoramos o nos derrumbamos. La percepción de esta amenaza activa el sistema nervioso simpático y desencadena una respuesta de estrés agudo que prepara nuestro cuerpo para luchar o huir (Psychology Tools, 2022).

"Estamos más a menudo asustados que heridos; y sufrimos más por la imaginación que por la realidad".

Séneca

Esta respuesta de estrés puede dar lugar a que nuestra imaginación se desboque, junto con nuestras reacciones. Nos volvemos locos al enterarnos de cosas que nos asustan, que desafían nuestras creencias o puntos de vista personales sobre el entorno de trabajo o la organización, o al enterarnos de otras cosas desagradables en nuestro mundo laboral, cosas que preferiríamos que no existieran. Echemos un vistazo a algunas reacciones comunes que se producen cuando los que ocupan una posición de autoridad se enteran de los puntos débiles o problemas de la organización:

Negar

Una reacción típica de los líderes cuando oyen hablar de los puntos débiles de sus empleados es negar activamente que existan. La negación es un mecanismo de defensa por el que una persona se niega a reconocer o admitir hechos o experiencias objetivas. Es un proceso que sirve para proteger a la persona del malestar o la ansiedad (Denial, s.f.). Para algunos líderes, oír hablar de estas fuentes de dolor les genera demasiada incomodidad como para poder soportarlo. Esta incomodidad o ansiedad les lleva a la negación, es decir, a negar que el problema exista, que haya existido alguna vez, o a creer que el problema es "exagerado" o que "no es para tanto"

¡Quejarse!

A veces, al enterarse de las cosas no tan buenas que experimentan los empleados, los líderes tienden a achacar estas frustraciones a quejas. Esto puede escucharse en reacciones como "Ya sabes cómo es Juan..." o "¿Otra vez esto?" o "¡Sólo haz tu trabajo!"

¡No tiene arreglo!

A menudo oiremos esta respuesta manifestarse como cosas como "Bueno, ¿qué quieres que haga al respecto?" o "¡No tengo ningún control sobre eso!" o "¡No puedo arreglarlo!". En lugar de tratar de aprender más sobre el asunto, en lugar de trabajar para mejorar el problema o buscar soluciones, esta reacción es admitir la derrota -elegir no invertir energía en resolver el problema- y aceptar las cosas tal y como son.

Agredir o culpar

Oír hablar de las fuentes de dolor puede llevar a veces a los líderes a atacar o culpar a quienes llaman la atención sobre un problema. Esta reacción puede deberse a múltiples razones, como la autoprotección, traumas pasados, la búsqueda de devaluación y control o el estrés (Borschel, 2021).

Normalmente, al enterarse de estas dolorosas negativas de sus empleados, los líderes reaccionarán con una mezcla de las reacciones o mecanismos de defensa mencionados. Los líderes negarán que exista realmente un problema porque creen que las preocupaciones de sus empleados son en realidad quejas. Creyendo que estos puntos de dolor son simplemente quejas - que no existen o que no son un problema real - el líder gravitará hacia el modo "¡no puedo arreglarlo!" y luego hacia arremeter contra los empleados por sus "quejas".

Los problemas de nuestras reacciones organizativas típicas

El problema más obvio de nuestras reacciones típicas al conocer los problemas o los puntos débiles es que las cosas no se arreglan. Hemos recibido una valiosa información sobre los problemas a los que se enfrentan los trabajadores, que por lo general necesitan una solución urgente, y decidimos no mejorar las cosas. Un problema aún mayor es que, al no arreglar las cosas, estos problemas tienden a empeorar muchísimo. Al igual que un dolor de muelas que empeora con el paso del tiempo, los problemas que generan dolor a los que se enfrentan los trabajadores rara vez permanecen estáticos, sino que se degradan y se vuelven más problemáticos cuanto más tiempo se ignoran o evitan.

Este tipo de reacciones hace que los empleados se sientan ignorados. A menudo, las personas atribuyen el hecho de ser ignoradas a la creencia de que no son lo suficientemente importantes como para merecer atención (Williams, 2009), lo que indica a nuestros trabajadores que ellos, junto con sus puntos de dolor, problemas y retos, no merecen la atención de la organización. Los empleados se encuentran con una bolsa llena de problemas, sin solución a la vista, y un empleador al que parece no importarle.

La forma en que reaccionamos ante los empleados que plantean estos puntos de dolor (o prácticamente cualquier otra cosa) les anima o les disuade de plantear otros problemas. Una mala reacción indica a los trabajadores que no deben plantear problemas porque no es seguro hacerlo. Las malas reacciones a los problemas o cuestiones de la organización llevan a los empleados al silencio: las malas reacciones hacen que las empresas sean cada vez más silenciosas con el paso del tiempo. No hay verdad "cruda" y "real" que deba asustarnos como organizaciones. ¿Pero el silencio? El silencio debería darnos mucho miedo.

Como ha dicho Todd Conklin en numerosas ocasiones, "saber menos no te hace más inteligente". Cuando reaccionamos mal ante las "malas" noticias, cuando decidimos negar o ignorar los problemas, cuando achacamos las preocupaciones de los trabajadores a "quejas", cuando decidimos que simplemente no podemos arreglar las cosas o hacerlas mejor, o arremetemos o culpabilizamos a nuestra gente, estamos optando por el silencio: estamos eligiendo saber menos.

Los puntos de dolor son puntos de partida...

"Donde hay dolor, hay crecimiento...". Los puntos de dolor son puntos de partida, a menudo nos conducen hacia la podredumbre que está enterrada muy por debajo de la superficie. Los dolores operativos que vemos manifestarse en nuestro mundo laboral, esas señales de problemas más profundos que necesitan atención, son ventanas a los retos y luchas del trabajo cotidiano. Los puntos de dolor suelen ser síntomas de problemas mucho más profundos enterrados en los complejos sistemas sociotécnicos que conforman nuestras organizaciones: son puntos de partida para una exploración y un aprendizaje más profundos. Esos susurros de "tenemos que apañarnos"... "No sé por qué...", etc., son oportunidades de aprendizaje que no debemos ignorar ni evitar.

Debemos inclinarnos hacia estos puntos de dolor, debemos buscarlos, y debemos procurar aprender deliberada, profunda y frecuentemente de quienes los experimentan.

Algunas de mis preguntas favoritas para examinar los puntos de dolor:

- ¿Qué es más difícil de lo que debería ser?
- ¿Cuál es la parte más difícil de tu trabajo diario?
- ¿Qué es lo más tonto que tienes que hacer trabajando aquí?

El uso de exploraciones de aprendizaje o equipos de aprendizaje es una forma fenomenal de conocer la existencia, o más, de los puntos de dolor a los que se enfrentan los empleados en su trabajo diario normal. Pero incluso una simple conversación ayuda mucho a descubrir la existencia de estas dificultades que generan dolor de cabeza y angustia a las que se enfrentan quienes se dedican a hacer las cosas. Cuando voy de empresa en empresa, de lugar en lugar, una de mis preguntas favoritas es: "¿Qué es lo más tonto que tienes que hacer trabajando aquí?". Claro, es un poco provocativa, desde luego no está "aprobada por la empresa", y definitivamente me hace ganar algunas miradas extrañas mientras espero mi pedido en

Starbucks, pero es una pregunta profundamente significativa y poderosa. La cuestión es que todas las personas a las que se la planteo obtienen una respuesta casi inmediata: los que hacen el trabajo suelen compartir rápidamente sus luchas, dificultades, problemas y puntos débiles. La gente está más que dispuesta a contarte los hechos "crudos y reales" de su trabajo, a menudo sólo están esperando a que alguien les pregunte, están esperando a que alguien demuestre verdadera curiosidad por lo que hacen y por los retos a los que se enfrentan mientras lo hacen.

Los puntos débiles y otros problemas se hacen dolorosamente evidentes cuando ocurre algo malo. Cuando algo se estropea, algo se incendia, algo explota o alguien resulta herido. Es fácil echar la vista atrás y ver estas señales "ruidosas" de problemas que se han convertido en serios problemas. No espere a que estos débiles susurros de fracaso en movimiento - indicadores de que las cosas no "van mal", sino que "van mal"- se conviertan en fracasos estrepitosos y evidentes. Estos puntos de dolor y dificultades nunca se te presentarán en bandeja de plata, debes salir y buscar activamente descubrirlos. Una simple conversación, en la que se explore algo como "¿cuál es la parte más difícil de tu trabajo diario?", tiene un valor incalculable. Si quiere saber dónde las cosas son dolorosas, dónde están cerca del fracaso, dónde van mal, una buena idea es simplemente salir y preguntar a los que están más cerca del trabajo.

Cómo se manifiesta el dolor en nuestro mundo laboral

Los puntos de dolor rara vez son monocausales. Una vez descubierto un punto de dolor concreto - pongamos por caso un nuevo equipo que provoca dolor de cabeza a quienes deben manejarlo - a menudo descubriremos que la fuente de dolor ha nacido de muchas causas o razones, y que a menudo da lugar a otras nuevas fuentes de dolor. A nivel superficial o sintomático, oiremos algo como "este equipo se avería constantemente". Pero si profundizamos un poco más, descubrimos que este nuevo equipo se eligió porque era un 20% más barato que el que se utilizaba antes, se consideró "más seguro" que otros modelos, los ingenieros creían que este nuevo equipo daría menos quebraderos de cabeza a quienes lo manejaran y los compañeros del sector informaron de grandes aumentos de productividad al utilizar este nuevo equipo. A primera vista, todo apuntaba a que la empresa había tomado una buena decisión. A medida que seguimos escarbando bajo el síntoma de "este equipo se avería constantemente", descubrimos una amplia gama de otros problemas. Encontramos cosas como la falta de herramientas o piezas correctas, empleados que se ven obligados a ponerse en peligro para mantener el ritmo de las demandas de producción, equipos que funcionan más allá de sus límites operativos para compensar el tiempo de inactividad, y algunas otras cosas seriamente aterradoras.

Ahora, vamos a complicar las cosas un poco más...

Este nuevo equipo se avería con frecuencia -al menos una o dos veces por semana-, pero las piezas son baratas y fáciles de conseguir, los especialistas de la cadena de suministro se han asegurado de que las herramientas y las piezas estén siempre en el sitio y listas para funcionar, y los responsables del funcionamiento de este equipo han aprendido a arreglarlo y a arreglarlo rápido. Además de aprender a volver a poner los equipos en funcionamiento rápidamente, los operarios han aprendido a llevarlos más allá de sus especificaciones para aumentar la producción. Este mayor rendimiento permite compensar las pérdidas de producción en el centro de la ciudad y mantener unas buenas cifras de producción (cifras que están vinculadas a las primas de incentivos, que deben cumplirse siempre o de lo contrario). Desde arriba, y sin ningún conocimiento relativo a la realidad de la situación sobre el terreno, todo parece ir bien.

Mes tras mes, todo lo que se ve a través de la organización son altas cifras de producción y objetivos operativos que se cumplen y a menudo se superan.

Ahora, añadamos una pizca de algunas reacciones típicas de la empresa ante el dolor...

Los que viven con estas fuentes de dolor, los responsables de operar el equipo y mantenerlo en funcionamiento, han planteado los problemas varias veces. Una y otra vez, sus preocupaciones parecen haber caído en saco roto. Los responsables locales se burlan de los problemas planteados por los nuevos equipos y no tardan en destacar lo mucho mejores (más seguros, más baratos, más eficientes) que, en su opinión, son. Los directivos señalan los indicadores positivos como prueba de que las cosas "van bien" y los utilizan como munición para disipar las dudas. Los directivos, en caso de que estas preocupaciones lleguen a su nivel, llaman la atención sobre el ahorro de costes generado, las evaluaciones de ingeniería realizadas y los estudios de seguridad llevados a cabo, como prueba de que estas preocupaciones no son un problema. Las preocupaciones de los que realmente hacen el trabajo se niegan, se ignoran o se tachan de quejas frívolas: la organización se ha propuesto saber menos.

Si no escuchamos de forma proactiva y tratamos de resolver estos problemas operativos, ¿qué ocurre con el tiempo? Los trabajadores siguen adaptándose y arreglándoselas como pueden, sorteando estos problemas y adaptándose hábilmente a los problemas que les plantea la organización, asegurándose de que las cosas se hacen y de que el trabajo va bien. Desde arriba, todo lo que se observa son resultados satisfactorios, o que el trabajo "va bien". Estos sistemas siguen funcionando bien -con una dosis extrema de cariño por parte de los trabajadores- hasta que de repente dejan de hacerlo. El equipo vuelve a averiarse, pero el empleado que sabe reparar la pieza rota dimitió la semana pasada. El equipo vuelve a funcionar mal, pero esta vez las piezas de repuesto están atascadas en un almacén muy, muy lejano. El equipo vuelve a desconectarse, pero esta vez un mecánico cae al vacío mientras sube para reiniciarlo manualmente. Todo parecía ir de maravilla -se cumplían los objetivos y se ahorraba dinero- hasta que, de repente, todo se derrumba de forma violenta y catastrófica.

Por desgracia, esta es una historia muy común en nuestro mundo laboral. Es una historia de señales débiles, de fracaso en movimiento y de indicadores significativos que no se reconocen o se ignoran. Es la historia de empleados que señalan los puntos débiles y las frustraciones, pero que no son escuchados por sus superiores. Es la historia de centrarse en objetivos y métricas en lugar de escuchar los murmullos de la fragilidad del sistema que, en este caso, acabó convirtiéndose en catástrofe.

¿Se imaginan la diferencia que habría supuesto un poco de curiosidad operativa? Aunque nadie puede decir si el fracaso podría haberse evitado por completo, el acto deliberado de aprender más habría puesto las cartas a nuestro favor. Imaginemos que se hubieran explorado más a fondo los puntos de dolor experimentados por estos empleados en particular, que se hubieran descubierto estos problemas y cuestiones cuando sus señales aún eran relativamente débiles, ¿qué habría cambiado? La respuesta, en mi humilde opinión, es todo.

Ventanas a problemas más profundos...

Siempre hay una historia más profunda. La exploración de esa historia más profunda, la búsqueda del contexto, la búsqueda de las historias "crudas y reales" del trabajo normal, sólo sirven para mejorar nuestras organizaciones. Cuando encontramos puntos de dolor en nuestro mundo laboral, debemos tratar deliberadamente de aprender más sobre ellos. Estos dolores sintomáticos son señales de problemas en el horizonte, son indicios de que las cosas "van mal" y, en última instancia, son regalos, ya que nos brindan la oportunidad de descubrir el "fracaso en movimiento" y responder.

Los puntos de dolor son ventanas a cuestiones y problemas organizativos más profundos: a menudo nos conducen a la podredumbre que se esconde bajo la superficie. Debemos estar dispuestos a arrancar estas costras problemáticas para descubrir la infección que suele esconderse debajo. Debemos reconocer y dejar a un lado nuestros deseos de reaccionar, debemos comprender que no compartimos la misma realidad que los que hacen el trabajo y debemos abrazar el aprendizaje deliberado: el aprendizaje es la única herramienta real que tenemos.

Los puntos de dolor son puntos de partida…

Profundiza.

PUNTOS CLAVE

El dolor es una señal de que algo va mal, de que algo no funciona y de que es muy probable que se avecinen problemas mayores.

Los puntos de dolor suelen ser fuentes de molestia y frustración para quienes intentan hacer el trabajo.

Los puntos críticos son puntos de partida para una exploración y un aprendizaje más profundos.

Las exploraciones de aprendizaje o los equipos de aprendizaje son una buena forma de conocer la existencia de los puntos de dolor a los que se enfrentan los empleados en su trabajo diario.

LLEVARLO A LA PRÁCTICA

- Escuche activamente los puntos débiles de su organización
- Busque deliberadamente los puntos débiles formulando mejores preguntas.
- Dirija equipos de aprendizaje o exploraciones de aprendizaje para descubrir y profundizar en los puntos débiles de la organización.

10 IDEAS PARA QUE LA SEGURIDAD APESTE MENOS

OBSESIONARSE CON LAS COSAS QUE (REALMENTE) IMPORTAN

TEMAS DE CONVERSACIÓN

¿Qué obsesiona actualmente a su organización en relación con la seguridad, la calidad o el medio ambiente?

¿Actualmente prioriza u ordena estos esfuerzos?

En caso afirmativo, ¿cómo distingue lo importante de lo insignificante?

¿Qué nos obsesiona en nuestros planteamientos actuales de la seguridad en el trabajo?

La respuesta sencilla es todo. Al desentrañar esa respuesta excesivamente vaga de "todo", normalmente se revela un enfoque agresivo e inquebrantable en las cosas equivocadas, una revelación de que nuestros llamados sistemas de gestión de la seguridad llevan los esfuerzos y comportamientos organizativos a extremos obsesivos en torno a lo insignificante. Estas insignificantes áreas de atención pueden observarse fácilmente: desde la exigencia de ponerse siempre varias capas de equipo de protección individual para aventurarse a salir de un remolque en el lugar de trabajo, hasta la realización de cientos de fichas de observación de la seguridad del comportamiento documentadas cada mes, pasando por la cumplimentación de cantidades interminables de papeleo previo al trabajo, realmente parece que estamos "haciendo seguridad": hemos construido toda una gran ilusión de seguridad en nuestros mundos laborales.

Revocamos las paredes de nuestros lugares de trabajo con carteles y eslóganes de seguridad, obligamos a los trabajadores a pasar diariamente por diversos aros de seguridad, obligamos a los directivos a pasarse el día "formando y corrigiendo" a los empleados sobre cosas triviales (un ejemplo que he observado recientemente: directivos encargados de formar a empleados que se habían olvidado de llevar consigo sus manuales de seguridad al campo), y fingimos que eso marca la diferencia. De hecho, "hacemos seguridad", y mucha. Pero, ¿estamos haciendo algo realmente?

Un ejemplo concreto de esta atención constante a las cosas que sencillamente no importan es la continua (y aparentemente creciente) pasión organizativa en torno al uso de la documentación de seguridad previa a la tarea. Comúnmente conocido como Informe Previo al Trabajo (PJB, por sus siglas en inglés) en los Estados Unidos - y como Evaluación de Riesgos Personales, Toma 5, Análisis de Peligros del Trabajo, etc. en otros lugares del mundo - estas tarjetas de seguridad completadas por empleados o líderes se han considerado un componente clave de cualquier programa de seguridad eficaz desde que muchos de nosotros recordamos. El uso de las PJB se considera (al menos por parte de las organizaciones) como una parte de vital importancia de cualquier trabajo, y como una herramienta crucial para prevenir resultados no deseados. Las empresas dedican lo que parecen interminables cantidades de tiempo y energía a supervisar su uso y contabilizar los formularios cumplimentados, con la idea de que, al cumplimentar estas tarjetas de seguridad antes de realizar el trabajo, los empleados planificarán mejor la seguridad en sus tareas y aumentarán su concienciación sobre los peligros concretos que pueden encontrar en el transcurso de su trabajo.

¿Cuál es el problema? Las fichas de seguridad previas al trabajo sencillamente no funcionan. Como mínimo, los PJB no hacen lo que esperábamos que hicieran, es decir, planificar mejor la seguridad en las tareas de trabajo, aumentar la concienciación de los empleados y, como resultado de estas cosas, prevenir sucesos de seguridad no deseados. Los trabajadores llevan años diciéndonos esto en los sectores de alto riesgo -recuerde nuestra conversación sobre los informes previos al trabajo que figura anteriormente en este libro-, pero hemos optado por no escuchar creyendo que el uso de estos formularios era "por su propio bien" y que, seguramente, debían funcionar, si tan sólo la gente se preocupara más por su uso. Investigaciones recientes también indican que no hay pruebas de que estas tarjetas sean eficaces para reducir el riesgo de accidentes laborales, y que es más que probable que no sean más que otro ejemplo de "desorden de seguridad" (Havinga, Shire, Rae, 2022). Sin embargo, a pesar de todas las pruebas que indican que deberíamos reducir (o eliminar) nuestra atención a estas tarjetas de seguridad, su uso persiste en la mayoría de los sectores de alto riesgo.

Las cosas parecen seguras, así que seguro que lo son...

Nos hemos obsesionado con la apariencia de seguridad en nuestro mundo laboral, creyendo que si vemos "cosas seguras", significa que estamos haciendo "cosas seguras", y que al hacer "cosas seguras", nos estamos haciendo a nosotros mismos o a los demás "seguros". Pero, al igual que nuestros queridos informes previos al trabajo, muchas de estas "cosas de seguridad" tienen poco o ningún impacto significativo en la seguridad real del trabajo. Estos artefactos de nuestros sistemas y estrategias comunes de gestión de la seguridad a menudo sólo sirven como "bienes de sensación" muy visibles, como oportunidades para demostrar lo seriamente que nuestras organizaciones se toman la seguridad, como prueba fehaciente de nuestra debida diligencia en materia de seguridad o como -en el caso ya mencionado de los informes previos al trabajo como ejemplo- rituales organizativos que tienen la función principal de contener o minimizar la ansiedad (Havinga et al. 2022)

Estas "cosas que se sienten" y "cosas que se ven" no son benignas. Aunque estos elementos de seguridad no sirvan para influir positivamente en la seguridad del trabajo como esperábamos, sí tienen un efecto: nuestras "cosas de seguridad" a menudo tienen duras consecuencias imprevistas.

Consecuencias imprevistas...

Oh, el desorden que hemos creado... Ahora bien, nuestro desorden se ha creado con la mejor de las intenciones -normalmente con la esperanza de hacer que nuestros lugares de trabajo sean un poco más seguros-, pero ha dado lugar a una amplia gama de consecuencias imprevistas. Además de los problemas obvios que se crean -como el aumento de la carga administrativa, la creación de apatía entre los empleados en relación con los esfuerzos de seguridad de la empresa, y las frustraciones y dolores de cabeza generales relacionados con estas "cosas de seguridad"- hay problemas mucho más profundos con nuestra fijación en la realización de "cosas de seguridad" en nuestros lugares de trabajo.

A modo de ejemplo, la Teoría de la Homeostasis del Riesgo propone que, para cualquier actividad que emprendamos, aceptamos un nivel particular de riesgo para nuestra seguridad con el fin de obtener beneficios asociados con esa actividad (Wilde, 2014) - Si percibimos que el nivel de riesgo es menor de lo aceptable, entonces a menudo modificaremos nuestro comportamiento para aumentar la exposición al riesgo - si percibimos el riesgo en un nivel más alto de lo aceptable, lo compensaremos ejerciendo una mayor precaución (SafetyRisk, 2017).

La Compensación de Riesgos es otra consecuencia potencial no deseada de todo este "trabajo de seguridad". Con la Compensación de Riesgos nuestros esfuerzos por proteger a los trabajadores pueden resultar contraproducentes, dando lugar a efectos menores de los esperados o a ningún efecto en absoluto, o incluso a efectos negativos. A veces el riesgo se transfiere a un grupo diferente de personas, o una modificación del comportamiento crea nuevos riesgos.

Estos efectos secundarios no deseados han quedado demostrados en múltiples trabajos de investigación y bibliografía como:

- Peltzman, Sam. "Los efectos de la regulación de la seguridad de los automóviles". Journal of Political Economy, vol. 83, no. 4, 1975, pp. 677-725. JSTOR, http://www.jstor.org/stable/1830396. Consultado el 24 de julio de 2022.
- - Zolli, A. (2013). Resilience: Why Things Bounce Back (Reimpresión ed.). Simon & Schuster.
- - Trimpop, R. M., y Wilde, G. J. S. (1994). Challenges to accident prevention: The issue of risk compensation behaviour. Groningen: STYX.

Y muchos más..

Existen numerosas pruebas que demuestran estas consecuencias no deseadas que surgen de nuestro deseo de hacer que quienes nos rodean estén "seguros", y muchos de estos ejemplos proceden de fuera del lugar de trabajo. Según una investigación publicada en Psychological Science, el uso de un casco de ciclista puede llevarnos a correr más riesgos de los que normalmente correríamos porque nos sentimos más seguros con ese equipamiento adicional (Gamble y Walker, 2016). Un estudio sobre los tapones de seguridad "a prueba de niños" en la aspirina descubrió que la introducción de estos tapones "a prueba de niños" no tuvo un impacto significativo en la reducción de las tasas de intoxicación por aspirina debido a una reducción general de la precaución de los padres con respecto a los medicamentos - las adaptaciones de comportamiento como que los padres dejen los tapones protectores fuera de los frascos porque son difíciles de abrir, o el aumento del acceso de los niños a estos frascos porque son supuestamente "a prueba de niños" podrían potencialmente aumentar las tasas de intoxicación (Viscusi, 1984).

Aunque conceptos como la homeostasis del riesgo y la compensación del riesgo pueden resultar un tanto controvertidos, la cuestión sigue siendo la misma: cada acción que emprendemos tiene consecuencias intencionadas y no intencionadas. Estas ideas y ejemplos ilustran lo importante que es que seamos plenamente conscientes de las consecuencias imprevistas que pueden producirse cuando interactuamos con sistemas sociotécnicos complejos, incluida la seguridad laboral.

Así pues, la creación y el mantenimiento de esta "apariencia de seguridad" en nuestros mundos laborales ha tenido enormes consecuencias imprevistas y podría estar haciéndolos menos seguros. Además, nuestra obsesión por cada mínimo detalle relacionado con todo lo que se considera "seguridad" parece haber hecho que nuestros mundos laborales no se centren en lo que es verdaderamente importante para la seguridad del trabajo.

Pero...

Intentamos gestionar y manipular lo que creemos que podemos, tocamos lo que podemos ver.

Muchas de las "cosas de seguridad" que nos obsesionan son elementos muy visibles, fácilmente manipulables y superficiales que pueden describirse mejor como rituales de seguridad sin sentido. Podemos ver carteles de seguridad colgados en las paredes de las oficinas, podemos influir directa y fácilmente en el uso de equipos de protección individual exigiendo a los jefes que vigilen estrictamente este comportamiento, podemos contar fácilmente el número de reuniones informativas previas al trabajo y de observaciones de seguridad, podemos contabilizar y hacer un seguimiento de todas estas cifras en hojas de cálculo de seguridad, presenciamos esas interminables reuniones de seguridad y retiradas, y podemos señalar fácilmente estos elementos altamente visibles para destacar lo seguros que parecen ser nuestros mundos laborales.

Pero, trágicamente, hemos errado el tiro. Nos hemos convencido a nosotros mismos de que esas hojas de control son tan vitales para proteger la vida de nuestros empleados como el control de la energía peligrosa. Nos hemos engañado a nosotros mismos pensando que si tan sólo podemos desarrollar alguna nueva medida -algún tesoro numérico oculto que por fin nos otorgue capacidad predictiva- funcionará tan bien como los controles robustos. Estamos convencidos de que si logramos convencer a nuestros trabajadores de que sean "más seguros", eso será tan eficaz como mejorar el entorno en el que se desarrolla el trabajo.

Hemos construido esta extraña creencia que dice que mejoramos en seguridad haciendo más "cosas de seguridad". No importa el impacto, no importa la eficacia, no importa el dolor de cabeza, y no importa las consecuencias no deseadas, creemos que la búsqueda de más es cómo mejoramos la seguridad del trabajo. Y cada vez parece que creamos más dolor de cabeza, más angustia, más ardor de estómago, más frustración, más desconfianza, más miedo y más dolor y sufrimiento en nuestro mundo laboral, al tiempo que conseguimos muy poco o ningún efecto significativo en la seguridad de los trabajadores.

Nuestro enfoque en todo parece habernos dejado con un enfoque en nada - un enfoque en nada significativo, al menos. ¿Cómo podemos superar esta obsesión por "cosas de seguridad" sin sentido e ineficaces? Centrándonos en las cosas dentro de nuestra esfera de influencia que realmente importan.

Una obsesión por el riesgo crítico...

Vayamos al grano: No dejaremos de matar y mutilar trabajadores centrándonos en las cosas que no matan ni mutilan a los trabajadores. Llevamos demasiado tiempo centrándonos excesivamente en las cosas que dañan a los trabajadores, mientras evitamos las cosas que los matan. Pero, como tan célebremente ha afirmado Conklin, "las cosas que nos hacen daño no son las que nos matan...". Con esto en mente, empecemos a cambiar nuestra obsesión por la seguridad en una dirección mejor, destacando algunas áreas básicas de riesgo crítico, mejores áreas en las que situar nuestros esfuerzos operativos relacionados con la seguridad del trabajo.

Tres áreas básicas de riesgo crítico a las que se enfrentan la mayoría de las organizaciones:

STKY – *Mierda que te mata*

Estas son las cosas que existen dentro de nuestros mundos laborales que realmente matan o mutilan a los trabajadores. Las pruebas sugieren que las lesiones graves y las muertes son el resultado de algún contacto indeseable con la energía (Hallowell, 2020). Estas fuentes de energía incluyen cosas como la gravedad, el movimiento, la electricidad, los productos químicos y similares.

STRM – *Mierda que realmente importa*

Puede ser casi cualquier cosa de la lista de "cosas que siempre debemos hacer bien". Piense en el medio ambiente, la calidad y la fiabilidad.

STBY – *Mierda que te lleva a la quiebra*

La mierda que le lleva a la quiebra puede incluir tanto STKY como STRM cuando se deja sin controlar o bajo control, pero también puede ampliarse fácilmente a áreas de preocupación regulatoria, asuntos legales, imagen de la empresa, y así sucesivamente.

Impactar en áreas de riesgo crítico

En sus últimos trabajos, Todd Conklin ha aludido a un sexto principio del Rendimiento Humano y Organizativo: los controles salvan vidas. Nada protege mejor contra los riesgos críticos que unos controles sólidos y tolerantes a los errores. Estos controles impiden físicamente que la energía dañe a las personas, o disminuyen la energía hasta un punto en el que el resultado o el daño es mínimo: piense en puntos de sutura frente a amputación o pierna rota frente a muerte, como ejemplos. Detienen un suceso, o reducen el resultado de un suceso, aunque todo lo demás falle o haya un error o equivocación.

Piénselo así: debemos hacer que sea muy difícil resultar gravemente herido o muerto -muy difícil tener resultados catastróficos- y muy fácil estar seguro -muy fácil no tener resultados catastróficos-.

Algunos aspectos básicos de los controles relacionados con los riesgos críticos:

Fuerte	Robusto y no quebradizo
Eficaz	Funcional, Control > Peligro, aborda suficientemente los riesgos críticos
Tolerante a errores	Fácil de ser seguro, difícil de ser inseguro. No dependiente del operador y funcional incluso con la presencia de errores humanos
Verificado	"Lo sé porque lo he visto, lo sé porque lo he comprobado" Controles implantados y eficacia verificada
Comprobado periódicamente	Pruebas de defensa, evaluaciones de control para examinar la eficacia - controles degradantes, ausentes, no tolerantes

Comprobación de la presencia de controles o salvaguardias vitales

Hay tres preguntas principales -acuñadas "start when safe" por la comunidad de práctica de Desempeño Humano y Organizacional, y adaptadas de los trabajos de Conklin (Conklin, 2017)- que se utilizan para ayudar a reducir los resultados inciertos relacionados con estas áreas de riesgo crítico:

1. *¿Cuáles son los Riesgos Críticos asociados al puesto (STKY, STRM, STBY)?*

2. *¿Qué controles o salvaguardias de salvamento tenemos implantados?*

Y...

3. *¿Son suficientes?*

Veamos cómo se desarrollan estas preguntas en el trabajo normal de la vida real...

¿Cuáles son los riesgos críticos?

Hoy vamos a cambiar una bomba que funciona mal. El STKY relacionado con esta tarea son las fuentes de energía asociadas a la bomba y las actividades de elevación y aparejo que tendremos que realizar para cambiar la bomba.

¿Qué controles o medidas de seguridad tenemos?

Hemos aislado las fuentes de energía asociadas a la bomba bloqueándolas. Este bloqueo se ha verificado de forma independiente y hemos comprobado su eficacia intentando arrancar la bomba y realizando una prueba de vida-muerte-vida. Se ha asegurado la zona de elevación, hemos verificado que el aparejo está dentro de su capacidad para elevar la bomba y tenemos un plan de elevación sólido.

¿Son suficientes??

Sí, se han establecido, verificado y probado controles que salvan vidas. Contamos con un sólido procedimiento y proceso de bloqueo que nos funciona bien. Tenemos una planta de elevación sólida y hemos asegurado la zona por si acaso algo va mal con la elevación, permitiendo que la carga caiga dentro de una zona asegurada y desprovista de personal. Estamos seguros para empezar...

Este ejemplo extremadamente sencillo (pero común) demuestra un cambio crucial en el enfoque hacia las cosas más importantes -áreas de riesgo crítico- asociadas con esta tarea en particular. Se trata de un interés manifiesto por garantizar la presencia de controles y la creación de una pequeña capacidad o margen en caso de que fallen, para ayudar a que el trabajo salga bien, incluso si sale mal. "Empezar cuando sea seguro" es un reconocimiento de lo que está dentro de nuestra esfera de influencia en relación con la seguridad del trabajo: que todo lo que realmente podemos gestionar es la presencia de controles (Conklin, 2017).

La priorización importa, ¡e importa mucho! Por desgracia, realmente parece como si hubiéramos evitado por completo el tema - especialmente en el mundo de la seguridad. Hemos seguido defendiendo la idea de que todo en seguridad es igual de importante, lo que nos ha llevado a perder el tiempo y a crear más burocracia y quebraderos de cabeza en materia de seguridad, además de una gran variedad de consecuencias imprevistas. Se necesita una buena dosis de realidad y priorización para salir de este agujero y centrarnos en lo que realmente importa para la seguridad en el trabajo. Sin esta dosis necesaria y contundente de priorización, nuestras organizaciones seguirán encontrándose en la posición de ser vendedores ambulantes de chatarra de seguridad, organizaciones que se centran agresivamente en las cosas equivocadas, fingiendo que estamos mejorando las cosas. Tenemos que empezar a plantearnos una pregunta sencilla pero contundente en relación con la seguridad en el trabajo: ¿Qué es lo que realmente importa? Sobre todo en lo que se refiere a no matar ni mutilar a los trabajadores.

En lugar de centrarnos en todo, obsesionémonos con las cosas que (realmente) importan... las cosas que realmente matan o mutilan a los trabajadores.

PUNTOS CLAVE

La organización se ha obsesionado con todo lo
relacionado con la seguridad y no se centra en
las cosas que tienen verdadero impacto.

Nos hemos obsesionado con la apariencia de
seguridad en nuestro mundo laboral.

Hemos creado la creencia de que mejoramos en
seguridad haciendo más "cosas de seguridad".

No se dejará de matar y mutilar a los
trabajadores centrándose en las cosas que no
matan ni mutilan a los trabajadores.

Hay que volver a centrarse en las áreas de riesgo
crítico, y nada protege mejor contra los riesgos
críticos que unos controles sólidos y tolerantes a
los errores.

En lugar de centrarnos en todo, debemos
obsesionarnos con las cosas que importan, las
que realmente matan o mutilan a los
trabajadores.

LLEVARLO A LA PRÁCTICA

- Centrándose en las áreas de riesgo crítico, empezar a ordenar y priorizar los esfuerzos en materia de seguridad.
- Eliminar las áreas de trabajo de seguridad sin sentido
- Empezar a utilizar el principio de "arrancar cuando sea seguro
- Centrarse en gestionar la presencia de controles y salvaguardias que salvan vidas.

10 IDEAS PARA QUE LA SEGURIDAD APESTE MENOS

MÁS HERRAMIENTAS

MENOS REGLAS

TEMAS DE CONVERSACIÓN

¿Cómo ve su organización el uso de normas?

¿Utiliza actualmente políticas de "tolerancia cero" en su empresa?

¿Cómo determina qué herramientas necesitan los empleados? ¿Cómo examina la utilidad de las herramientas?

10 IDEAS PARA QUE LA SEGURIDAD APESTE MENOS

¿Qué pasaría si mañana se despertara y descubriera que todas las normas de arriba abajo, las señales de seguridad, los eslóganes, las listas de comprobación previas al trabajo y los procedimientos de su organización ya no existen? ¡Puf! Desaparecidos. ¡Desaparecidos! Seguramente se desataría el caos y la catástrofe... ¿o no?

Una breve exploración de las normas de seguridad

Antes de empezar a explorar este "qué pasaría si", que sería un desastre "obvio" para su organización -una empresa que ahora se encuentra desprovista de un libro de normas-, empecemos por definir qué es una norma en primer lugar. Para los fines de este capítulo, nos centraremos en las reglas en el sentido de reglas organizativas o de empresa que se prescriben a la plantilla. *Merriam-Webster* define una norma *como una guía prescrita de conducta o acción. El Oxford English Dictionary define las reglas como un conjunto de normas o principios explícitos o sobreentendidos que rigen la conducta dentro de una actividad o esfera concreta.*

Una "norma de trabajo" es un reglamento escrito promulgado por el empresario a su discreción que regula la conducta de los empleados en la medida en que afecta a su empleo (Law Insider, s.f.). Si vemos esta definición a través de la lente de la gestión de la seguridad - creando el término "norma de trabajo seguro - esta definición se convertiría en, una norma de seguridad escrita promulgada por el empleador dentro de su discreción que regula la conducta segura de los empleados, ya que afecta a su empleo. Las normas de "trabajo seguro" deben cumplirse siempre - son "deberes" - y suelen hacerse cumplir mediante la aplicación de políticas de acción disciplinaria de mano dura.

Muchas organizaciones están enamoradas de las normas -especialmente de las normas de seguridad- y pregonan sus "normas para vivir", sus "normas para salvar vidas", sus manuales de seguridad y sus interminables listas de mandamientos de seguridad. Muchos sistemas tradicionales de gestión de la seguridad se basan en la creación, el mantenimiento y la aplicación estricta de normas de seguridad como mecanismo crucial para influir en la seguridad en el lugar de trabajo. Se cree que el seguimiento estricto de las "normas de trabajo seguras" -tal como se aplican a través de los enfoques más tradicionales de la seguridad- elimina la probabilidad de que se produzcan sucesos de seguridad no deseados. Muchas organizaciones persisten en su creencia de que las normas crean seguridad de alguna manera, pero ¿lo hacen?

¿Crean seguridad las normas?

Muchos sistemas tradicionales de gestión de la seguridad imponen una pesada carga de cumplimiento al usuario final del sistema -el trabajador- mediante la expectativa de que todas las normas relacionadas con la seguridad se sigan y cumplan íntegramente en todo momento y sin falta. Prácticamente cualquier forma de incumplimiento -incluso con una buena dosis de razón y lógica- se traduce en duras medidas disciplinarias (como el despido) contra quienes no respetan estrictamente las normas. Esta creencia se basa en la idea de que, si se siguen las normas de forma estricta e inquebrantable, no pueden producirse accidentes. Pero, ¿qué ocurriría si la gente cumpliera realmente todas y cada una de las normas de salud y seguridad en el trabajo aplicables a su puesto? La respuesta es nada: el trabajo se detendría en seco.

Este hecho se ha demostrado a través del acto de cumplimiento malintencionado. El cumplimiento malicioso es la práctica de seguir instrucciones u órdenes de forma literal, observándolas sin variación, a pesar de saber que el resultado no será el que la organización deseaba inicialmente (Staughton, 2022). El cumplimiento malintencionado se ha utilizado en diversas ocasiones como forma de protesta y de huelga. Al cumplir rígidamente las normas -como se les ordena-, los trabajadores paralizan las operaciones o las ralentizan considerablemente.

Cuando se exige un cumplimiento rígido de las normas -incluida la seguridad- hay que tener cuidado con lo que se desea.

Imagínese cuántas leyes y reglamentos le afectan a usted. ¿Cuántas puede recordar? El intento más reciente de estimación oficial llevado a cabo por el Departamento de Justicia de Estados Unidos -realizado hace más de 35 años- concluyó que el gobierno federal había definido más de 3.000 delitos en la legislación (Lehrer, 2019). Es bastante probable que siempre -incluso en este mismo momento- estés infringiendo alguna ley o normativa.

Hagamos otro experimento rápido. Cuántas normas tiene su organización actualmente en los libros? Profundicemos un poco más. ¿Cuántas "normas de trabajo seguras" se aplican a usted personalmente en un momento dado durante el transcurso de su jornada? ¿Puede decir realmente que conoce todas las "normas de trabajo seguro" de su organización y que las cumple a rajatabla? Es algo bastante alucinante de pensar.

Estos enfoques tradicionales -que se basan en la idea del cumplimiento estricto por parte de los trabajadores para crear seguridad- dependen de que las personas conozcan (y comprendan) exactamente la norma correcta que deben seguir, que la sigan exactamente en el momento adecuado y que lo hagan siempre sin fallos, para crear resultados satisfactorios. Cuando, en última instancia, los trabajadores experimentan algún roce con el fracaso, rápidamente se señala como causa algo como el "incumplimiento" o la "violación de las normas". Entonces, las organizaciones se redoblan en el cumplimiento de las normas, normalmente añadiendo aún más normas y sanciones más severas en caso de incumplimiento.

Esta ideología de "cumplir para estar seguro" sencillamente no funciona. Nuestros mundos laborales son dinámicos y cambiantes, incluso las tareas más mundanas o repetitivas son únicas y nuevas con cada evolución que pasa. Las circunstancias y la variabilidad local del trabajo en movimiento cambian constantemente - cambios que nunca pueden conocer quienes redactan las normas o los procedimientos-; los procedimientos o las normas simplemente no pueden garantizar la seguridad, porque la seguridad no es el resultado del cumplimiento de las normas, sino el resultado de las hábiles adaptaciones por parte del trabajador mientras navega por esta mezcla arremolinada de presiones, recursos, normas y procedimientos (Dekker, 2014).

Un breve extracto de Algunos mitos sobre la seguridad industrial (Besnard y Hollnagel, 2012):

El ser humano compensa constantemente las discrepancias entre los procedimientos y la realidad y colma las lagunas entre los procedimientos y las condiciones operativas reales. Esta es la única forma de llevar a cabo operaciones industriales, dado que es imposible prever todas las configuraciones posibles de una situación de trabajo y prescribir todos y cada uno de los pasos de una actividad. Es la flexibilidad humana la que compensa la fragilidad de los procedimientos, convirtiendo a estos últimos en una herramienta útil para el control de los sistemas y contribuyendo con ello a la seguridad. El cumplimiento estricto de los procedimientos puede incluso tener consecuencias perjudiciales, ya que limitará los efectos beneficiosos de la adaptación humana en respuesta a la subespecificación de la situación laboral. Basta pensar en situaciones en las que la gente "trabaja para mandar"

Denis Besnard & Erik Hollnagel, 2012

En pocas palabras, lo último que debería desear -especialmente si su esperanza es hacer que su mundo laboral sea más seguro- es un seguimiento rígido e "irreflexivo" de las normas. El cumplimiento estricto puede ir en detrimento de la seguridad y la eficacia: las normas y los procedimientos deben utilizarse de forma inteligente (Besnard y Hollnagel, 2012). Pero para que esto sea posible, debe haber un cierto elemento de autonomía concedido al trabajador.

Volvamos a nuestra pregunta introductoria...

¿Qué pasaría con su organización? Sin todas las normas y procedimientos, sin todos los carteles que destacan la necesidad de seguir estrictamente las normas y procedimientos, sin todos los manuales de seguridad, ¿se convertiría su empresa en un caos? No. La gente seguiría haciendo lo que siempre ha hecho: trabajar con seguridad y eficacia adaptándose, resolviendo problemas y creando seguridad sobre la marcha.

Las normas son una ilusión de seguridad: son bonitas (literalmente) sobre el papel. Parece que las normas hacen mucho, que son lo correcto, que deberían hacer más seguros los lugares de trabajo, pero sencillamente no funcionan muy bien. Hemos adoptado la aplicación de normas como método preferido de control dentro de nuestros mundos laborales -grandes franjas de organizaciones que deberían regirse por normas y principios han sido burocratizadas por normas-, pero las normas son una ilusión de control. Entendiendo que las reglas no crean seguridad, ¿deberíamos quemar todas estas "reglas de trabajo seguro" de nuestras organizaciones?

Probablemente no, aunque una buena dosis de desorden y eliminación de normas puede ser necesaria. Aunque reducir puede ser útil, lo que realmente se necesita es un cambio en nuestra forma de pensar sobre las normas.

Las normas deben surgir de forma natural dentro de la organización, como una guía consensuada de comportamiento aceptable, en lugar de imponerse desde arriba como un mecanismo (percibido) de control estricto. Deje de pensar en reglas organizativas que siempre deben cumplirse estrictamente y pase a considerarlas normas o principios organizativos que guían a los miembros de la organización hacia acciones comúnmente aceptadas. Estas "reglas de trabajo seguras" deberían convertirse más bien en "bandas sonoras seguras" - cosas que avisan a alguien cuando se está desviando un poco demasiado de un camino ya conocido y establecido - en lugar de seguir utilizándose como "qué hacer" y "qué no hacer" rígidos y aplicables. Dé a las personas autonomía para adaptarse y tomar decisiones y procure hacerlas competentes para tomar mejores decisiones. Apóyate en su experiencia y saber hacer y aplica un enfoque más flexible y razonable a estas "normas de trabajo seguras".

Más herramientas menos reglas...

Uno de los mayores problemas de estos métodos de control organizativo -como las normas de trabajo- es que no son muy útiles para quienes realizan el trabajo. Gran parte de este cambio de mentalidad del que estamos hablando es la idea de pasar de las "normas que tratan de controlar" a las "herramientas que tratan de ayudar".

Centrarse en las herramientas que ayudan...

Empecemos por definir el término herramienta. *Merriam-Webster* define una herramienta *como un dispositivo portátil que ayuda a realizar una tarea.* Ahora bien, llamamos "herramientas" a muchas cosas en nuestro mundo laboral (y sí, a veces incluso al jefe), pero ¿lo son realmente? ¿Es ese informe previo al trabajo realmente una herramienta? ¿Es realmente una herramienta ese cuadernillo lleno de normas que tus empleados deben llevar siempre encima? Como organizaciones, nos gusta mucho la idea de dotar a dirigentes y empleados de "herramientas de seguridad", pero ¿son realmente herramientas? Centrémonos en una parte de esa definición, la que dice *"ayuda a realizar una tarea".* Para que algo sea realmente una herramienta, debe ser útil, no hacer daño, ralentizar o dificultar las cosas. Una herramienta debe ayudar realmente a realizar algo que se necesita realizar. Debe ser útil, debe ser necesaria, y debe ayudar a realizar una tarea, si no lo hace, simplemente no es una herramienta - es probable que sólo otra pieza de desorden. Una pieza valiosa del rompecabezas de la "herramienta" es examinar la utilidad general para realizar el trabajo.

En varias charlas y presentaciones que he dado a lo largo de los años, suelo dar lo que he titulado *"El ejemplo de Home Depot"* para resaltar este concepto. Imagine que está metido hasta el cuello en una reforma o remodelación, o que está atascado arreglando algo que se ha roto en casa.

Se dirige a *Home Depot* para recoger algunos suministros necesarios y, mientras recorre la tienda y juega con todas las cosas que puede encontrar en *Home Depot,* se encuentra con una herramienta que parece que podría resolver el problema al que se enfrenta en casa. Está tan entusiasmado con la herramienta que ni siquiera se fija en el precio y se apresura a salir de la tienda y volver a casa para probarla. Esta nueva herramienta reduce el tiempo de proyecto a la mitad, hace que todo el proceso sea un poco más fácil y hace que todo ese duro trabajo apeste un poco menos. A mí me parece una buena herramienta.

Ahora dale la vuelta al ejemplo. ¿Qué probabilidades habría tenido de comprar esta herramienta si no le hubiera ayudado a realizar el trabajo que necesitaba o si no le hubiera resuelto un problema que tenía? Muy improbable. ¿Y si esa herramienta se anunciara como útil, pero al utilizarla descubriera que simplemente no funcionaba bien? Estaría buscando el recibo para devolverlo a la tienda. ¿Y si hiciera todo lo contrario, haciendo el trabajo más lento, más duro y más pesado? Hay una alta probabilidad de que lo tires por la ventana, y luego conduzcas hasta *Home Depot* para maldecir a quien te lo vendió.

Ahora compara eso con las "herramientas" - especialmente las herramientas de seguridad- que implementamos en nuestros lugares de trabajo. ¿Cómo resisten? ¿Pasan la prueba de "deben ser útiles"? Muchas no lo hacen. Dado que muchas de nuestras "herramientas" de seguridad tienen objetivos declarados como "frenar a la gente", "hacer que la gente se detenga" o "garantizar que la gente haga (inserte aquí lo que sea)", nuestras "herramientas" de seguridad a menudo no son herramientas en absoluto, sino mecanismos de control de los empleados o "bienes de sensación" que la dirección puede observar como indicadores de la presencia de seguridad: las "herramientas" de seguridad a menudo no son más que más trabajo de seguridad.

Si una "herramienta" de seguridad no resuelve un problema concreto, si es difícil de usar y aporta pocas ventajas (o ninguna) al usuario final, si dificulta el trabajo (en lugar de facilitarlo) o si no sirve para nada más que para calmar un poco la ansiedad de la dirección en torno a la seguridad, los usuarios previstos de la herramienta la eludirán, la evitarán o simplemente no la utilizarán. Si existe una norma o política que exija el uso de esta herramienta concreta, seguirá ocurriendo todo lo anterior, pero los usuarios finales harán que parezca que se está utilizando la herramienta para evitar que la organización les considere incumplidores.

Si el uso de una "herramienta" debe forzarse mediante la aplicación de una norma, no es una herramienta útil. Las mejores y más eficaces herramientas nunca requieren el uso de la fuerza: la gente las utiliza voluntariamente porque son útiles y porque les ayudan a resolver algún problema o reto al que se enfrentan. Si tiene problemas con las herramientas de seguridad - personas que no las utilizan, las evitan, trabajan a su alrededor o las eluden-, analice detenidamente la herramienta, no la persona que quiere que la utilice.

A la hora de proporcionar a empleados y directivos herramientas y recursos de seguridad, debemos tener presentes estos conceptos. Tanto si está examinando las herramientas de seguridad preexistentes en su organización, como si está intentando crear una nueva, hay algunos principios básicos que siempre se aplican.

Algunos principios básicos relativos a las herramientas eficaces

- Es necesario: resuelve un problema que necesita solución o ayuda a realizar una tarea.
- Es útil para la persona que debe utilizarlo
- Se crea con las personas que lo necesitan

Es necesario

Demasiadas "herramientas" de seguridad son soluciones en busca de problemas: son "parches" amplios e inespecíficos que en realidad no solucionan nada en particular. Debe existir una necesidad real por parte de las personas que realizan el trabajo -no desde arriba- que justifique la creación o el uso continuado de una herramienta.

Es útil

Si una "herramienta" no es útil, si no ayuda a realizar el trabajo o si dificulta la eficacia, sencillamente no se utilizará. Piense en esto como en la pregunta que siempre parece ayudar: "¿Ayuda esto a (insertar persona) a completar (insertar tarea)?". Recuerde que "ayudar" significa ayudar, asistir o apoyar a alguien en la consecución de algo (Diccionario de Oxford), no significa ralentizar, detener o hacer ineficaz.

Se crea con las personas que lo necesitan

A menudo, las "herramientas" de seguridad son creadas por la gente de seguridad en lugar de ser creadas por quienes realmente las necesitan. Si su esperanza es cumplir los dos primeros principios y su objetivo es disponer de una herramienta eficaz, inclínese por aprovechar los conocimientos y la experiencia de las personas que la necesitan.

A medida que las organizaciones avanzan en su camino hacia el Rendimiento Humano y Organizativo, a menudo empiezan a considerar que las normas estrictas y rígidas son inútiles, e incluso perjudiciales en algunos casos. A medida que las organizaciones incorporan estos conceptos de Rendimiento Humano y Organizativo en su mundo laboral, empiezan a gravitar de forma natural hacia la idea de preguntar a las personas lo que necesitan, en lugar de intentar decirles lo que tienen que hacer.

Una parte de este viaje consiste en comprender y aceptar que las normas nunca crean seguridad -a nadie le ha salvado la vida una "norma salvavidas"- y que más normas no hacen que los lugares de trabajo sean "más seguros". En lugar de tratar de añadir más y más normas -creando la ilusión de seguridad-, el Rendimiento Humano y Organizativo nos lleva a plantearnos la pregunta más acertada de "qué se necesita para tener éxito".

Preguntar a las personas lo que necesitan, y luego apoyarlas con herramientas y recursos basados en sus necesidades, les ayuda a tener éxito y hace mucho más de lo que jamás harán las normas.

PUNTOS CLAVE

Las normas no crean seguridad, sino una ilusión de control.

Los trabajadores crean seguridad en tiempo real adaptándose activamente al mundo que les rodea.

El cumplimiento estricto de las normas puede ir en detrimento de la seguridad y la eficacia.

Alejarse de las "normas que pretenden controlar" y acercarse a las "herramientas que pretenden ayudar".

Las herramientas deben ser necesarias, útiles y creadas con las personas que las necesitan.

Pregunte a las personas qué necesitan y ayúdeles con herramientas y recursos basados en sus necesidades.

LLEVARLO A LA PRÁCTICA

- Centrarse en cambiar los supuestos organizativos en torno a las normas y su cumplimiento
- Abandonar los deseos de culpar y castigar
- Eliminar las normas innecesarias o inútiles
- Deje espacio para la autonomía de los trabajadores en sus procesos
- Céntrese en proporcionar herramientas útiles a quienes las necesitan; para ello, implique profundamente al usuario final en el proceso de creación.

10 IDEAS
PARA QUE LA
SEGURIDAD
APESTE MENOS

DEJAR DE INTENTAR

CUMPLIR (O CASTIGAR)

PARA ALCANZAR

LA EXCELENCIA

TEMAS DE CONVERSACIÓN

¿Qué importancia concede su empresa al cumplimiento de la normativa?

¿Cómo reacciona su organización ante los resultados "mediocres" de las auditorías?

Cuando las auditorías revelan áreas de incumplimiento, ¿hasta qué punto es probable que su empresa busque culpables?

10 IDEAS PARA QUE LA SEGURIDAD APESTE MENOS

Un lugar de trabajo que cumple las normas es un lugar de trabajo seguro... ¿o no?

Dediquemos un momento a definir el término "cumplimiento de las normas de seguridad", que, a efectos de este capítulo, excluirá el cumplimiento individual -el acto o proceso de un individuo de cumplir una norma, deseo, demanda o propuesta (Merriam-Webster)- y se centrará en el concepto de cumplimiento de las normas de seguridad organizativas. La conformidad en materia de seguridad se describe a menudo como el acto de adherirse a las normas de seguridad establecidas por los organismos reguladores y los legisladores (Mishra, 2022), y es un área de atención extrema para muchas organizaciones de todo el mundo.

Dentro de nuestras organizaciones, hemos dedicado enormes cantidades de tiempo, energía, dinero y recursos a la búsqueda del "cumplimiento de la seguridad". Si bien estos esfuerzos tienen una buena intención y se centran en la creación o el mantenimiento de un "entorno de trabajo seguro", hay un elemento obvio de interés propio en estos esfuerzos. Mediante el cumplimiento por parte de las organizaciones de la normativa aplicable (o la debida diligencia demostrada en el intento de cumplir la normativa aplicable), a menudo pueden evitar o reducir las costosas citaciones, reducir la exposición a posibles litigios y mantener mejor la imagen pública de la empresa. Una simple búsqueda en Internet revela lo costosas que pueden ser estas infracciones en los Estados Unidos:

2022 Sanciones de la OSHA

Tipo de Violación	Penalización
Requisitos de publicación graves, no graves	$14,502 por infracción
Incumplimiento	$14,502 por día posterior a la fecha de reducción
Premeditado o reiterado	$145,027 por infracción

Fuente: Administración de Seguridad y Salud en el Trabajo - Sanciones

Con estos riesgos en mente, y con el deseo de hacer más seguros sus entornos de trabajo, las empresas se centran minuciosamente en el cumplimiento de las normas de seguridad. Trabajan con diligencia para completar una cantidad interminable de evaluaciones detalladas del cumplimiento de la seguridad, gastan cantidades extravagantes de dinero en consultores externos para que evalúen sus lugares de trabajo en relación con las normas y reglamentos de seguridad y salud aplicables, y a menudo crean departamentos enteros con el único propósito de auditar y coordinar el cumplimiento de la seguridad.

Los objetivos del "cumplimiento de las normas de seguridad"

El cumplimiento de las normas de seguridad tiene por objeto mantener a los trabajadores, el público, la propiedad y el entorno natural a salvo de diversos peligros relacionados con el trabajo mediante el cumplimiento de las normas y reglamentos de seguridad (Mishra, 2022). Las medidas básicas de cumplimiento se centran en la eliminación de los peligros del lugar de trabajo, la creación y el mantenimiento de normas, procedimientos y programas internos de trabajo "conformes", la realización de auditorías de cumplimiento y la aplicación de las políticas.

Aunque el principal objetivo común declarado del "cumplimiento de las normas de seguridad" es evitar lesiones, enfermedades y muertes en el lugar de trabajo, hay otro elemento en juego en esta ecuación, uno que está interconectado con esta reducción de lesiones y muertes en el lugar de trabajo. El cumplimiento de las normas de seguridad ahorra dinero a las organizaciones. El cumplimiento de las normas de seguridad no sólo ahorra dinero en costosas citaciones y asuntos legales, sino que se suele proponer que - a través de la supuesta capacidad preventiva del cumplimiento de las normas de seguridad- puede evitarse la costosa carga de lesiones y muertes. Lo vemos demostrado en la forma en que se "vende" el cumplimiento de las normas de seguridad a las organizaciones. Consultores y reguladores se apresuran a señalar que:

__Coste total de los accidentes de trabajo en 2020:__
__163.900 millones de dólares__
Por trabajador - 1.100 dólares
Por muerte - 1.310.000 dólares

Por lesión consultada médicamente - 44.000 dólares

Fuente: Consejo Nacional de Seguridad - Costes de los accidentes laborales

Estos costes de las lesiones se señalan como justificación lógica de un mayor esfuerzo y atención al cumplimiento de las normas de seguridad, con el razonamiento de que si se intenta ser más cumplidor, o mediante un mejor mantenimiento del cumplimiento en las organizaciones ya cumplidoras, pueden evitarse lesiones y enfermedades catastróficas. Pero, ¿es eso cierto? ¿El cumplimiento de las normas de seguridad previene sucesos? Más o menos.

Un punto de rendimiento decreciente...

En efecto, el cumplimiento de las normas parece haber sido beneficioso para la reducción de lesiones y muertes en el trabajo, al menos hasta hace poco. En los Estados Unidos esto se evidencia por la fuerte disminución de las muertes de trabajadores a lo largo del tiempo - las muertes de trabajadores en América se han reducido en promedio, de alrededor de 38 muertes de trabajadores por día en 1970 a 15 por día en 2019, y la tasa de incidencia de lesiones y enfermedades no mortales entre los lugares de trabajo de la industria privada se produjo a una tasa de 10,9 casos por cada 100 trabajadores equivalentes a tiempo completo en 1972 y 2,8 casos en 2018 (OSHA, s.f.) - desde la introducción de La Administración de Seguridad y Salud Ocupacional (OSHA) en 1971.

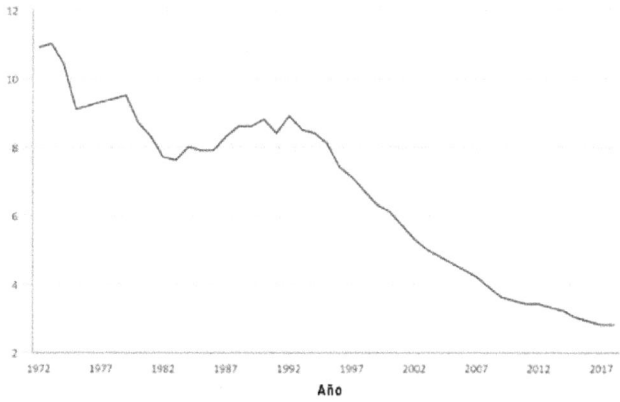

Gráfico 1. Tasas de incidencia de lesiones y enfermedades profesionales no mortales, industria privada, 1972-2018

Año

Fuente: Oficina de Estadísticas Laborales de EE.UU., Censo de Lesiones Laborales Mortales.

Un examen rápido de los datos de la Oficina de Estadísticas Laborales de Estados Unidos en torno a la tasa de incidencia de lesiones y enfermedades no mortales entre los lugares de trabajo de la industria privada muestra dos puntos distintos de reducción en relación con las lesiones y enfermedades generales de los empleados, con la primera reducción importante que ocurre directamente después de la formación de la Administración de Seguridad y Salud Ocupacional (OSHA) en 1971, y la otra a partir de principios de 1990. Este segundo descenso, más generalizado, suele atribuirse a una mayor atención al rendimiento humano y al pensamiento "sistémico" a partir de finales de la década de 1980 (Dekker, 2019). Una observación mucho más interesante es que, entre 1992 y 2017, se produjo un descenso sostenido de las lesiones y enfermedades no mortales en general, aunque las muertes en el trabajo se mantuvieron sorprendentemente constantes.

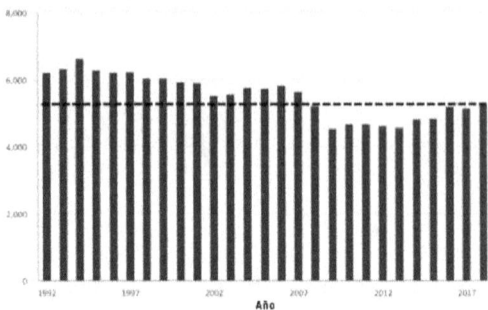

Lesiones Profesionales Mortales 1992-2018

Fuente: Oficina de Estadísticas Laborales de Estados Unidos, Censo de lesiones laborales mortales.

Aquí tiene un detalle de estos datos por si le interesan …

Año	Número de víctimas mortales relacionadas con el trabajo
1992	6,217
1993	6,331
1994	6,632
1995	6,275
1996	6,202
1997	6,238
1998	6,055
1999	6,054
2000	5,920
2001	5,915
2002	5,534
2003	5,575
2004	5,764
2005	5,734
2006	5,840
2007	5,657
2008	5,214
2009	4,551
2010	4,690
2011	4,693
2012	4,628
2013	4,585
2014	4,821
2015	4,836
2016	5,190
2017	5,147
2018	5,250

Fuente: Oficina de Estadísticas Laborales de EE.UU., Censo de Lesiones Laborales Mortales.

Entonces, ¿dónde nos encontramos actualmente? Nos encontramos en un punto de rendimientos decrecientes en relación con nuestros enfoques tradicionales de la seguridad laboral. En nuestro mundo laboral seguimos exprimiendo todo lo que podemos estos esfuerzos de cumplimiento, y hemos reducido muchas lesiones y muertes en el camino, pero ya no estamos experimentando las mismas reducciones radicales de lesiones y muertes de antaño. Por mucho que nos esforcemos en cumplir las normas, parece que no podemos evitar que mueran personas.

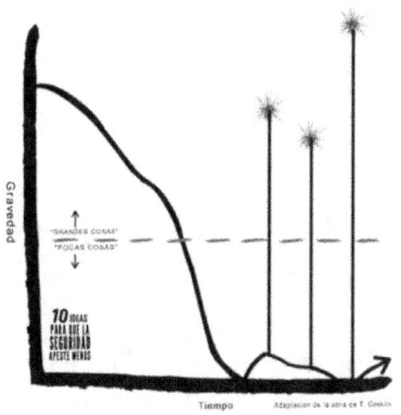

El cumplimiento de las normas de seguridad, junto con todas las demás áreas de interés típicas de los enfoques más tradicionales de la seguridad, ha dado lugar a la minimización (y a veces eliminación) de las lesiones leves de escasa gravedad en nuestro mundo laboral, pero los accidentes mortales siguen produciéndose a un ritmo alarmantemente constante. ¿Por qué?

Un exceso de atención al "cumplimiento de las normas de seguridad

Los deseos de las organizaciones de cumplir las normas suelen nacer de su deseo de evitar resultados no deseados en materia de seguridad. En muchas organizaciones existe la creencia generalizada de que, si los lugares de trabajo cumplen toda la normativa aplicable en materia de seguridad y salud, se convierten en lugares "seguros", libres de riesgos potenciales de lesiones y accidentes mortales.

Algunos problemas derivados de un exceso de atención al cumplimiento de la normativa de seguridad:

- "Las organizaciones "centradas en la seguridad" han llevado al máximo el cumplimiento de la normativa
- Las organizaciones que cumplen las normas siguen sufriendo catástrofes.

- La seguridad se convierte en una actividad burocrática que hay que demostrar "arriba" (Dekker, 2019)

Examinemos estas áreas problemáticas seleccionadas del cumplimiento de la seguridad...

Las organizaciones "centradas en la seguridad" ya han llevado al máximo el cumplimiento

¿Dónde está su organización actualmente fuera de cumplimiento con algo relacionado con la seguridad?

O bien sabe que cumple porque está mirando con frecuencia cosas relacionadas con el cumplimiento, o bien sabe que está fuera de cumplimiento (y trabajando rápidamente para remediar el problema) porque está mirando con frecuencia cosas relacionadas con el cumplimiento. En cualquier caso, nos cuenta la misma historia: usted es realmente bueno en materia de cumplimiento. Se le da tan bien que ha maximizado el rendimiento de sus esfuerzos de cumplimiento: hacer más, o hacer el cumplimiento más duro o mejor, no producirá un resultado mejor que el que ya está experimentando.

Las organizaciones que cumplen las normas siguen sufriendo catástrofes

La creación, el mantenimiento y la aplicación del cumplimiento de las normas de seguridad simplemente no evitan resultados indeseables o catastróficos. De hecho, si persiste el cumplimiento mecánico o ciego de las normas frente a las señales que sugieren que deben hacerse adaptaciones, esto puede conducir a resultados indeseables o catastróficos (Dekker, 2014).

La información actual sobre accidentes mortales de la OSHA pone de relieve esta incidencia de sucesos catastróficos en organizaciones "cumplidoras". Un examen rápido de los 80 accidentes mortales más recientes que figuran (en el momento de la publicación) en el sitio web de la Administración de Seguridad y Salud en el Trabajo revela que 48 de los 80 empleadores de los fallecidos en estos accidentes fueron citados por algún tipo de incumplimiento de las normas de seguridad después del accidente (OSHA, s.f.-c). Así pues, digamos que aproximadamente la mitad de estas empresas que sufrieron un accidente mortal "cumplían las normas" en el momento del suceso, como demuestra la ausencia de citaciones. ¿Quién sabe? En cualquier caso, es un claro indicio de que incluso las organizaciones "conformes" -al menos lo bastante conformes como para evitar una citación de la OSHA tras un accidente mortal- siguen matando gente.

La seguridad se convierte en una actividad burocrática que hay que demostrar "arriba"

Nuestro enfoque excesivo en el cumplimiento y los sistemas de gestión de la seguridad (sistemas que normalmente contienen un gran elemento de enfoque de cumplimiento en su núcleo) ha dado lugar a burocracias de seguridad hinchadas y culturas de cumplimiento (Dekker, 2019). Estas culturas de cumplimiento impulsan los comportamientos de los empleados hacia la finalización de "cosas" de cumplimiento, en lugar de la inversión de tiempo en cosas que realmente importan para la seguridad del trabajo. En lugar de dedicar tiempo a centrarse, los empleados se encuentran realizando tareas como inspecciones previas a auditorías, reuniones de preparación para auditorías de cumplimiento y la excavación de papeleo de seguridad de hace años para poder demostrar el cumplimiento. Cuando desde arriba se les pregunta "¿cumple su centro?", la única respuesta aceptable es "¡Sí, siempre!".

Una historia sobre la transferencia de culpas...

En unos viajes recientes, pasé algún tiempo con una organización que llevaba unos años en su viaje hacia el Desempeño Humano y Organizacional. Habían hecho un gran trabajo durante los primeros años y habían tenido un impacto muy positivo en su empresa. Uno de los aspectos de los que estaban especialmente orgullosos (y con razón) era que habían dejado de centrarse en los sucesos registrables de la OSHA y se habían alejado mucho de la culpabilización tras un accidente. Cualquiera que haya formado parte o haya buscado el cambio transformacional que produce el Rendimiento Humano y Organizativo, sabe que ambos son momentos decisivos en su trayectoria e increíblemente difíciles (inicialmente) de conseguir. Estaban orgullosos y yo estaba orgulloso de ellos.

Mientras estábamos en una gran sala de conferencias poniéndonos al día y hablando de su viaje HOP, no pude evitar fijarme en una larga lista de viñetas garabateadas en la pizarra al otro lado de la sala. Soy curioso por naturaleza, así que no pude evitarlo y, en medio de la conversación, crucé la sala para echar un vistazo. Era una larga lista de "elementos comunes de auditoría de seguridad". Incluía cosas como tapones en los lavaojos, falta de tapones antigolpes, señales descoloridas, falta de firma en los papeles, y así sucesivamente... Tuve que preguntarme: "¿qué es todo esto?". Llegados a este punto, podríais pensar que estoy en contra del cumplimiento de las normas, lo cual estaría muy lejos de la realidad (hablaremos de ello más adelante). Honestamente, esperaba escuchar una historia sobre cómo estos eran elementos que se habían planteado como áreas de mejora, una lista de enfoque de las cosas que comúnmente se degradan y necesitan ser reemplazadas dentro de sus operaciones particulares, o algunas notas que habían quedado de un equipo de aprendizaje reciente, pero lo que escuché fue muy diferente. Escuché a estos directivos describir la dolorosa situación a la que se enfrentaban: una historia de sobrevaloración del cumplimiento de las normas de seguridad y una historia de culpabilización.

Estos mandos intermedios describieron cómo los directivos de su empresa entraban en pánico, se derrumbaban, se derretían y se cogían rabietas ejecutivas por los resultados de las auditorías o evaluaciones de seguridad. Y así, rascando un poco bajo la superficie, descubrimos que nuestros enfoques tradicionales de la seguridad han vuelto a asomar su fea cabeza. Una vez superados los deseos de dejarse llevar por el pánico, las crisis nerviosas, los ataques de nervios y las rabietas de los directivos ante los sucesos, habían trasladado esta reacción a otro lugar: los resultados deficientes de las evaluaciones y auditorías actuaban ahora como sustitutos de los sucesos o los registros de la OSHA. La culpa no se había eliminado de esta organización; simplemente se había trasladado. Tenga cuidado de no permitir que la culpa se transfiera a otras "cosas de seguridad" mientras se encuentra en transición para dejar de culpar en torno a los sucesos. Recuerde, la culpa no arregla nada (Conklin, 2019). Permítanme ampliar esto afirmando que la culpa no arregla nada y punto. No arregla eventos, problemas o incluso hallazgos de auditorías de cumplimiento, solo nos aleja de arreglar.

¿Cómo deberíamos ver y pensar en el cumplimiento de la normativa de seguridad? Desde luego, no a través del "o se cumple o no se cumple", ni a través de un enfoque excesivo y una sobrevaloración del acto de cumplimiento en sí. Creo que el cumplimiento es algo bueno -nos ha ayudado a recorrer un largo camino a lo largo de los años-, pero no creo que hacerlo con más rigor o más dureza vaya a darnos mejores resultados. Hemos alcanzado el máximo rendimiento de nuestras inversiones en cumplimiento. Esto no quiere decir que debamos ir por ahí arrancando las protecciones necesarias de la maquinaria o quitando las barandillas de las escaleras -debemos intentar mantener los mejores entornos de trabajo que el cumplimiento nos ha ayudado a crear-, pero debemos empezar a pensar en el cumplimiento de una forma un poco diferente. Como afirmó uno de estos líderes de la conversación mencionada anteriormente: "Estaría bien que vieran estos hallazgos como lo que son, una oportunidad para arreglar algo que no funciona".

Qué diferencia de enfoque (y de reacción) supondría ver los resultados de las auditorías de seguridad como un regalo, en lugar de como una maldición. Este líder dio en el clavo con sus pensamientos, debemos hacer que el cumplimiento de la seguridad (y su auditoría) nos acompañe en este viaje del Rendimiento Humano y Organizativo. La aparición de cosas relacionadas con el cumplimiento de la seguridad en nuestros mundos laborales -al igual que la manifestación de comportamientos indeseables- no es el problema, es un síntoma de un problema. La sobrevaloración de estas cuestiones sintomáticas sin una exploración más profunda de su origen no mejorará nuestro lugar de trabajo, sino que podría empeorarlo.

Debemos abandonar la noción de que con más y más cumplimiento crearemos seguridad, una noción que nos lleva a reaccionar mal cuando descubrimos un incumplimiento debido a la suposición de que "incumplimiento" significa "inseguro". En lugar de nuestra típica reacción de "¡oh, mierda!" cuando descubrimos la existencia de problemas de cumplimiento, debemos cambiar esa reacción a "buena". Debemos empezar a ver el cumplimiento de la normativa de seguridad, no como una medida de lo "seguras" que son nuestras empresas, sino como el mínimo indispensable para cualquier lugar de trabajo habitable, como un punto de partida. Debemos empezar a ver los resultados del cumplimiento de las normas de seguridad, no como medidas de lo "inseguras" que son nuestras organizaciones, sino como oportunidades para aprender más, arreglar las cosas, mejorar y crecer.

Dejemos de intentar conseguir la excelencia en seguridad mediante el cumplimiento: eso nunca ha funcionado y nunca funcionará. El cumplimiento nunca garantizará la seguridad, pero centrarse en exceso en el cumplimiento sin

duda le alejará de centrarse en las cosas que
ayudan a crear resultados mejores y más seguros
en nuestro mundo laboral.

PUNTOS CLAVE

Las organizaciones "centradas en la seguridad" han llevado al máximo el cumplimiento: cumplir más no crea organizaciones más seguras

> Las organizaciones que cumplen las normas siguen sufriendo catástrofes.

Un enfoque excesivo en el cumplimiento hace que la seguridad se convierta en una actividad burocrática que hay que demostrar "arriba".

> Considere los resultados de las auditorías como un regalo, en lugar de una maldición.

Deje de intentar cumplir las normas para alcanzar la excelencia operativa: eso nunca ha funcionado y nunca funcionará.

LLEVARLO A LA PRÁCTICA

- Centrarse en moderar las reacciones a los "malos" resultados de las auditorías
- Reajustar la auditoría y la evaluación para examinar más la eficacia que el cumplimiento.
- Centrar los esfuerzos de auditoría y evaluación en la presencia y viabilidad de controles y salvaguardias vitales.

10 IDEAS
PARA QUE LA
SEGURIDAD
APESTE MENOS

REDEFINIR

"SEGURO"

TEMAS DE CONVERSACIÓN

¿Cómo define actualmente su organización el término "seguro"?

¿Cuánto tiempo invierte su empresa en la prevención o minimización de sucesos de bajo resultado?

Si es una cantidad significativa, ¿por qué?

¿Qué significa "seguro" en su organización?

Hace poco, un amigo se puso en contacto conmigo para pedirme consejo sobre algunos problemas de seguridad a los que se enfrentaba en el trabajo. Este amigo trabaja como mando intermedio en una gran empresa contratista de construcción y mantenimiento, y ha realizado este tipo de trabajo durante la mayor parte de su vida adulta, empezando en los oficios y abriéndose paso poco a poco hacia el liderazgo a lo largo de los años. Conozco a esta persona desde hace bastante tiempo -habiendo trabajado juntos en varios proyectos en el pasado- y sabía que seguramente se trataba de un asunto serio para que me llamara por algo relacionado con el trabajo. Poco después de nuestra conversación telefónica inicial, quedamos para tomar un café y profundizar en los problemas a los que se enfrentaba y ver cómo podía ayudarle.

Tras un breve intercambio de cumplidos -tiempo dedicado a ponernos al día sobre las cosas de la "vida" personal que habían ocurrido desde la última vez que nos habíamos visto-, se metió de lleno en el asunto que nos ocupaba. "Tengo graves problemas de seguridad en el trabajo", inserta bruscamente para reconducir nuestra conversación personal hacia el dilema laboral al que se enfrentaba en ese momento. "El año pasado tuvimos 12 incidentes, y este año llevamos 7", afirma. "En la empresa se están volviendo locos y me exigen que haga algo para evitar que se repitan", continuó. Luego pasó a describir lo que parecía una lista interminable y extremadamente detallada de "acciones correctivas". Le paré y le pregunté: "Un momento, retrocedamos un poco. ¿Puede contarme algo más sobre estos hechos?". Ahora, seguro de que escucharía varias historias sobre sucesos que alteraron mi vida, preparé mi bolígrafo y mi papel para tomar notas. "Ese es el problema...", dijo con evidente disgusto. "Son primeros auxilios: simples golpes, rasguños y picaduras de abeja; no tengo ni idea de cómo prevenirlos", continuó frustrado.

A continuación, pasó a describir un mundo laboral demasiado familiar para la mayoría. Describió una empresa encaprichada con la prevención, que se centraba abiertamente en la prevención de golpes y magulladuras pensando que, mediante estos esfuerzos preventivos, estaban evitando sucesos más catastróficos en el futuro. Destacó su misión de "llegar a CERO", cómo los líderes de su organización reaccionaban mal ante los sucesos, cómo analizaban minuciosamente y hacían de "mariscal de campo" incluso los sucesos de primeros auxilios más insignificantes, y cómo todo este enfoque en lo trivial estaba obligando a su equipo a intentar gestionar los casos de lesiones de primeros auxilios (para evitar que fueran "primeros auxilios" según la definición de la norma de la OSHA) o simplemente a dejar de informar de los sucesos a toda la organización.

Describió cómo los ejecutivos de la empresa habían etiquetado el año anterior como "el peor año de la historia en materia de seguridad" debido a los 12 primeros auxilios, cómo se había visto obligado a retener las bonificaciones de los empleados, cómo estaba trabajando horas extras tratando de reunir cientos de páginas de papeleo de sucesos y cómo ahora se veía obligado a aplicar medidas disciplinarias (como parte de la "solución") después de los sucesos. Mi querido amigo estaba metido hasta el cuello en un mundo laboral compuesto por la locura de la seguridad.

Pasamos las horas siguientes elaborando un "plan de seguridad" mejor, que no tenía nada que ver con ese puñado de golpes y arañazos, sino con una forma diferente de hacer seguridad.

¿Qué ocurrió al final? Su plan fue desechado. A pesar de sus constantes y ruidosas peticiones de cambio y de su ruego de avanzar en una dirección mejor, la empresa simplemente no estaba preparada para avanzar en una dirección mejor, no estaban preparados para abandonar su definición actual de seguridad.

Definiciones tradicionales de "seguridad"

Las definiciones tradicionales de seguridad, o descripciones de lo que es "seguro", describen un entorno libre de incidentes de seguridad no deseados. "Por lo general, se considera que la seguridad es un estado en el que no se producen incidentes negativos, lo que suele denominarse "daño cero" o simplemente "cero".

En estos enfoques de "daño cero"...

-suponemos que-

Todos los incidentes son evitables

Y que...

Examinando de cerca y previniendo los pequeños incidentes podemos predecir y prevenir los grandes incidentes en el horizonte

Con estas premisas en mente, las organizaciones trabajan febrilmente para hacer que sus lugares de trabajo sean "seguros" reduciendo a cero la suma total de accidentes de seguridad. Muchas empresas centradas en el "daño cero" alcanzan efectivamente este objetivo: no hay que buscar muy lejos para encontrar organizaciones que presumen de millones de horas/hombre trabajadas sin un rasguño ni un moratón, o empresas que celebran los cientos y cientos de días transcurridos desde su último accidente registrado por la OSHA. Estas organizaciones señalan esta ausencia de sucesos negativos como una indicación de que sus mundos laborales son "seguros", pero ¿lo son?

Las investigaciones sobre la eficacia de estos enfoques "cero" de la seguridad revelan que son tremendamente ineficaces en la prevención de sucesos mayores y más catastróficos.

Un estudio de 2017 de las 20 principales empresas de construcción del Reino Unido reveló que las empresas con una política explícita de "cero" en realidad sufrieron más incidentes graves y víctimas mortales que las que no tenían una política de "cero", lo que demuestra la posible existencia de una "paradoja cero" (Sherratt y Dainty, 2017).

En un estudio de 2000 sobre la aviación, Barnett y Wang demostraron que el riesgo de mortalidad de los pasajeros es mayor en las aerolíneas que notifican el menor número de incidentes (Barnett y Wang, 2000).

En un comentario relacionado con la bibliografía sobre el "cero", Sidney Dekker destaca que la investigación apunta al hecho de que el "cero" no evita las muertes ni los accidentes graves. De hecho, parte de la bibliografía demuestra que una reducción de los sucesos menores aumenta el riesgo de accidentes graves y muertes (Dekker, 2017).

Además, investigaciones recientes demuestran que el índice total de incidentes registrables (TRIR) no es un buen predictor de sucesos más graves o mortales. Esta investigación concluye que la ocurrencia de lesiones registrables es casi totalmente aleatoria y no predice eventos futuros más catastróficos (Hallowell et. al, 2020).

Además de la literatura, vemos la falta de eficacia de "cero daños" en muchos ejemplos del mundo real, reconocibles y trágicos, como:

Deep Water Horizon (Horizonte de aguas profundas)

La explosión de esta plataforma de perforación petrolífera en alta mar en 2010 causó la muerte de 11 trabajadores e hirió a docenas más, además de liberar 200 millones de galones de petróleo en el Golfo de México. El propietario de la plataforma, Transocean, tenía un historial de seguridad "sólido en general", sin incidentes graves durante 7 años; Deepwater Horizon había recibido incluso un premio por su rendimiento en materia de seguridad en 2009 (ABC News, 2010).

La explosión de BP en Texas City

La explosión de la refinería de Texas City se produjo en 2005 cuando una nube de vapor de gas natural y petróleo explotó violentamente matando a 15 trabajadores, hiriendo a otros 180 y dañando gravemente la refinería. Los resultados de la investigación revelaron que los índices totales de incidentes registrables (TRIR) y los índices de incidentes con pérdida de tiempo (LTIR) no predicen eficazmente el riesgo de una instalación de sufrir un suceso catastrófico (CSB, 2007).

Las pruebas de que el "cero" es ineficaz en sus mejores días, y perjudicial en los peores, parecen bastante claras en el actual (y cada vez mayor) corpus de investigación en torno al tema del "daño cero". Cero", aunque es un objetivo noble, parece una meta horrible, que lleva a las organizaciones a fijarse en lo secundario y a dejar de centrarse en lo significativo. La aplicación de estos enfoques de "daño cero" a la seguridad parece crear un silencio organizativo en torno a los sucesos y peligros, alejando a las empresas de la inteligencia y el aprendizaje operativos vitales. El "daño cero", aunque suena muy bien sobre el papel, es una idea horrible en la práctica.

Para equilibrar esta exploración del "daño cero", existen algunos "pros" claros -como señala Dekker en The Field Guide to Understanding 'Human Error'- relacionados con la aplicación de un enfoque de "daño cero" a la seguridad:

- Reducir significativamente los costes de atención sanitaria, seguros y otros costes de indemnización.

- Aumentan las posibilidades de que se renueven los contratos o de conseguir más trabajo.

- Reducen la probabilidad de inspecciones reglamentarias (Dekker, 2014)

Pero, ¿a qué coste llegan estos beneficios? Llegan a través de la creación de cosas como el secreto de seguridad y los bolsillos ensangrentados: ahorros de costes que, en última instancia, nacen de personas que mantienen la boca cerrada y se llevan lesiones a casa. No son beneficios reales si se comparan con los mecanismos problemáticos que los generan: comportamientos organizativos que suelen surgir en respuesta a un objetivo "cero".

Ahora bien, los defensores y fanáticos del "cero" se apresurarán a afirmar que se trata simplemente de casos en los que "el cero ha salido mal", "el cero no se ha utilizado correctamente" y que si "el cero se hubiera aplicado correctamente" en estas situaciones concretas, el resultado habría sido muy distinto. Para los fines de este libro, nos mantendremos en la realidad de cómo se aplica comúnmente el "cero" en las organizaciones - no nos aventuraremos por el camino presuntivo del "cero aplicado mejor".

Enfoques organizativos típicos del "cero"

Dentro de nuestros mundos laborales, ¿qué significa aplicar enfoques de "cero daños" a la seguridad? Teniendo en cuenta que estos enfoques consideran "seguro" la ausencia de sucesos, es fácil trazar lo que esperan hacer estos típicos sistemas de gestión de la seguridad basados en "cero": "cero" espera gestionar los resultados de la seguridad.

Cero daños" es un objetivo, una meta, para crear un lugar de trabajo libre de incidentes y lesiones. La esperanza de 'cero' es poner fin a todos los sucesos relacionados con la seguridad, creyendo que al hacerlo el lugar de trabajo se convierte en "seguro" y libre de la probabilidad de sucesos con resultados más elevados. Algunos de los enfoques organizativos más comunes del "daño cero" se demuestran claramente en los lenguajes internos de la empresa que hablan estas organizaciones centradas en el "cero": cosas como "si te centras en las pequeñas cosas, las grandes se arreglan solas", como ejemplo.

Esta creencia de que la gestión de las "pequeñas cosas" previene cosas mayores y más catastróficas en el futuro, lleva a las organizaciones a centrarse en las "pequeñas cosas" que creen causantes de sucesos más significativos. El "cero" lleva a las organizaciones a contar meticulosamente los golpes y arañazos, a invertir cantidades ingentes de tiempo en la investigación de sucesos de primeros auxilios y, sí, incluso les lleva a calificar un año como "el peor de la historia" por culpa de un puñado de esguinces y contusiones en la espalda.

Esta definición actual de "seguro" -la ausencia de accidentes en el lugar de trabajo- conduce a centrarse principalmente en las cifras y los objetivos, hace que las organizaciones se obsesionen con los sucesos menores que componen estas cifras y las inclina a centrarse exclusivamente en la prevención.

Esta concentración extrema en los números y las métricas hace que las organizaciones adopten medidas igualmente extremas para gestionar (o manipular) estos objetivos y métricas. A menudo encontramos organizaciones "cero" que vinculan grandes primas de seguridad a estos parámetros, sobornando básicamente a los líderes y a los trabajadores para que guarden silencio sobre cualquier cosa que pueda reducir la probabilidad de recibir una prima.

Este tipo de manipulación quedó dolorosamente demostrada en un importante caso de fraude ocurrido en 2012 en Estados Unidos. Un responsable de seguridad de una gran empresa contratista de mantenimiento y construcción fue condenado a 78 meses de prisión por facilitar información falsa sobre lesiones al no comunicar su número y gravedad. Las pruebas presentadas en el juicio abarcaban más de 80 lesiones, entre ellas rotura de huesos, rotura de ligamentos, hernias, laceraciones y lesiones de hombro, espalda y rodilla que no se registraron correctamente. ¿Por qué? Para cobrar primas de seguridad por valor de más de 2,5 millones de dólares a un cliente (Departamento de Justicia, 2013).

Más allá de una fijación con los números y las métricas, estas definiciones de "seguridad" de "daño cero" promueven soluciones superficiales de los problemas de seguridad y fomentan la culpabilización de los trabajadores por sucesos no deseados.

Cómo suele ocurrir esto en el trabajo...

Las pequeñas cosas, como golpes y rasguños, conducen a sucesos más importantes, como amputaciones y muertes. Si tenemos (inserte aquí un número arbitrario de) laceraciones en las manos, en algún momento tendremos un suceso mortal debido a una laceración en la mano. Por lo tanto, debemos predecir y prevenir todos estos casos para evitar que se produzcan accidentes mortales.

Solemos ir más allá y decir....

Tenemos demasiadas laceraciones en las manos, si no reducimos estas cifras, ¡al final tendremos una víctima mortal por laceración en las manos! Los malos comportamientos de nuestros trabajadores son la causa principal de este problema... Debemos hacer una parada, impartir formación obligatoria sobre seguridad de las manos, adquirir guantes de color rosa brillante para que los empleados sean más conscientes de sus manos, debemos introducir e incentivar una métrica de seguridad de las manos, debemos redactar normas adicionales de seguridad de las manos y debemos castigar

severamente a cualquier infractor que
encontremos.

El concepto de "cero", que parte de la base de
que todos los incidentes son evitables, nos lleva
rápidamente a culpar a los trabajadores de
cualquier suceso no deseado. Esto es
especialmente cierto en el caso de incidentes de
seguridad extremadamente leves, como golpes y
magulladuras, que fácilmente se puede
argumentar que no se pueden evitar, debido a la
falta de cualquier otro enfoque preventivo obvio
que se podría haber aplicado al incidente. Sin
un método de prevención claro y obvio que
pudiera haberse utilizado para eliminar el suceso
-aferrándose firmemente a la creencia de que
todos los incidentes son evitables-, las
organizaciones pasan rápidamente a culpar al
trabajador.

Estos sucesos de alta probabilidad y bajos
resultados también llevan a las organizaciones a
hacer cosas bastante extrañas en nombre de la
"prevención de todos los sucesos, incluso los
golpes y rasguños" en lo que se refiere a las
"acciones correctivas". Después de un incidente
de seguridad extremadamente leve, las
organizaciones, que siguen creyendo que hay
que prevenirlo todo, se embarcan en "planes de
prevención de la seguridad" repletos de acciones
superficiales, como reciclaje, medidas de parada,

más normas, más observaciones y castigos más severos.

Nuestra definición actual de "seguro", que describe un entorno libre de cualquier suceso de seguridad no deseado, un entorno que se evidencia por la ausencia de sucesos negativos y que se busca habitualmente mediante la aplicación de enfoques de seguridad de "daño cero", sencillamente no funciona.

La redefinición de "seguro

En lugar de considerar la seguridad como la ausencia de sucesos, la seguridad se define mejor como la presencia de defensas (Conklin, 2012). Esta definición radicalmente distinta de lo que significa "seguro" nos lleva en una dirección totalmente nueva con respecto a nuestra descripción anterior.

Definir "seguro" como la presencia de defensas nos impulsa a centrarnos en lo que es significativo, nos aleja de la visión de la seguridad como un resultado (un número) que hay que gestionar, nos obliga a dejar de lado esta noción errónea y perjudicial de "cero" y nos lleva a formar mejores suposiciones relacionadas con la seguridad en el trabajo.

Sencillamente, no podemos gestionar los resultados en materia de seguridad (de todas formas, intentar gestionar los resultados a la baja nunca cambia gran cosa), pero sí podemos gestionar la presencia de defensas que permitan obtener mejores resultados. Con algunas suposiciones mejores que nos digan cosas como que se producirán fallos, que la gente cometerá errores, que la seguridad es la presencia de controles, etc., podemos intentar influir en lo que importa: podemos intentar crear un entorno en el que la gente pueda fallar de la forma más segura posible. Esta mejor definición de "seguro" nos aleja de nuestro sesgo preventivo y tira hacia una mentalidad organizativa de "asegurar que el trabajo salga bien", en lugar de intentar "asegurar que el trabajo no salga mal".

Aunque estos cambios puedan parecer pequeños, no hay que dejarse engañar por su aparente sencillez. Se trata de ideas poderosas que cambian paradigmas. La diferencia entre "no puede fallar", "podría fallar" y "fallará" es un cambio masivo en las creencias organizativas. Nuestro sesgo hacia la prevención nos ha dejado demasiado tiempo en la mentalidad del "podría fallar". Nuestra atención a los enfoques más tradicionales de la seguridad ha hecho que nuestras organizaciones crean realmente que, con suficiente atención y esfuerzo en materia de seguridad, las cosas no pueden salir mal. "No puede fallar" y "podría fallar" son conceptos peligrosos. Con la mejor de las suposiciones de "fallará", gravitamos naturalmente hacia la búsqueda de formas de fallar un poco más suaves, para disminuir los resultados de los eventos de catástrofes a contusiones, hacia ideas de volverse bueno en fallar con gracia, y nos movemos en la dirección de defensas fuertes y controles que salvan vidas.

Considerar la seguridad como la presencia de defensas en lugar de como la ausencia de accidentes es un momento crucial en su viaje hacia el Rendimiento Humano y Organizativo: es crucial para lograr el cambio que espera ver. De este cambio de creencias se derivan muchos otros cambios positivos. Pero hay que estar dispuesto a superar la base de la prevención, hay que estar dispuesto a dejar de lado el "cero", y hay que estar dispuesto a adoptar plenamente esta nueva definición de seguridad que nos dice...

La seguridad es la presencia de defensas.

PUNTOS CLAVE

La aplicación de estrategias de seguridad basadas en el concepto "cero" suele causar más daños que beneficios.

Los enfoques "cero" de la seguridad son tremendamente ineficaces en la prevención de sucesos mayores y más catastróficos

La definición actual de "seguro" se centra principalmente en cifras y objetivos.

En lugar de considerar la seguridad como la ausencia de sucesos, es mejor definirla como la presencia de defensas.

Definir la "seguridad" como la presencia de defensas nos impulsa a centrarnos en lo que tiene sentido y nos aleja de la seguridad como un resultado que hay que gestionar.

LLEVARLO A LA PRÁCTICA

- Alejarse de la seguridad basada en "cero
- Redefinir la seguridad dentro de su organización
- Reducir la atención de la organización a las cifras, los índices y las métricas, y eliminar los incentivos de seguridad.
- Reorientar los esfuerzos de la organización hacia el examen de la presencia de defensas

10 IDEAS PARA QUE LA SEGURIDAD APESTE MENOS

RENUNCIAR

A LA

"ADIVINACIÓN"

DE LA

SEGURIDAD

TEMAS DE CONVERSACIÓN

¿Qué importancia concede su empresa a la predicción de acontecimientos?

En caso afirmativo, ¿qué tipo de datos utiliza para ello? ¿Cuál es su grado de precisión?

¿Qué papel desempeña la prevención en sus planteamientos actuales de la seguridad en el trabajo?

10 **IDEAS PARA QUE LA SEGURIDAD APESTE MENOS**

Adivinación en materia de seguridad:- *acto o práctica de predecir el futuro en relación con la seguridad en el lugar de trabajo..*

La adivinación de la seguridad es habitual en muchas organizaciones de alto riesgo. Se utiliza como un intento de atisbar el estado futuro de una organización para predecir qué sucesos o lesiones van a tener lugar, cuándo van a ocurrir y dónde van a ocurrir. Las organizaciones recurren a esta adivinación para apoyar sus esfuerzos en torno a la prevención general de accidentes.

En los enfoques más tradicionales de la seguridad, estos resultados no deseados o no deseados pueden describirse como cualquier suceso relacionado con la seguridad: llamadas de emergencia, primeros auxilios, sucesos registrables, incidentes con pérdida de tiempo, y hasta los accidentes mortales y las catástrofes, todo lo que sea más que "cero". En estos enfoques más tradicionales, los sucesos de resultados más bajos se consideran a menudo como predictivos de sucesos mayores y más catastróficos que están por venir. De este modo se fomenta la creencia de "gestionar los pequeños detalles...", de eliminar la posibilidad de que se produzcan catástrofes en el futuro mediante la predicción y prevención de los sucesos de menor gravedad.

Cuando se producen sucesos de seguridad significativos, nos apresuramos a mirar atrás (y a los sucesos de nivel inferior que creemos que los predicen) y preguntarnos: ¿cómo no pudimos predecirlo? ¿Cómo no pudimos evitarlo? Creer que todos los sucesos son predecibles y evitables, y que el objetivo de cualquier "buen" programa de seguridad debería basarse principalmente en la idea de predecir y evitar resultados no deseados, empuja a las organizaciones a favorecer esta noción de predicción y prevención por encima de todo lo demás. Creer firmemente en la capacidad predictiva de aspectos como los sucesos de nivel inferior (comúnmente denominados indicadores rezagados) y aspectos como los datos de observación del comportamiento, los resultados de las auditorías de cumplimiento, el uso de instrucciones antes del trabajo y similares - puntos de datos de la organización generalmente acuñados como "indicadores principales"- lleva a muchas organizaciones a ver una mayor recopilación y análisis de estos datos, o a dedicar más esfuerzo y rigor a la predicción y la prevención como acción correctiva después de que se produzca un suceso significativo.

Estas ideas convierten a las organizaciones en máquinas de recopilación masiva de datos, con la esperanza de capturar cada minúsculo fragmento de información con la esperanza de que sea (o pueda ser) una pieza vital de este rompecabezas predictivo. Nos encantan los datos de seguridad, estas representaciones numéricas de la "seguridad" en nuestros mundos laborales, estas pistas que creemos que nos ayudarán a resolver este misterio de la predicción: nos impulsan a querer más y más. Mediante la recopilación masiva de datos de seguridad y el análisis meticuloso de los mismos, las organizaciones creen que sus lugares de trabajo pueden volverse "seguros" - libres de resultados de seguridad no deseados- prediciendo dónde están a punto de ocurrir (o es probable que ocurran) cosas malas y actuando rápidamente para evitarlas.

Nuestro mundo laboral está sesgado hacia la prevención, hasta el punto de que rara vez pensamos más allá de ella. La prevención es algo estupendo y se han producido grandes innovaciones en este ámbito, que han dado lugar a un mundo más seguro en general, pero ¿hasta dónde puede llevarnos la prevención por sí sola? Peor aún, ¿en qué momento este deseo de "predecir y prevenir" todo se vuelve perjudicial?

Algunos problemas de nuestro deseo de predecir y prevenir

A los humanos se nos da fatal predecir el futuro. Además, estamos predispuestos a inclinarnos hacia lo que nos gustaría que ocurriera. Los estudios sugieren que cuanto más deseable es un acontecimiento futuro, más probabilidades hay de que ocurra (Eiser y Eiser, 1975). Por el contrario, cuanto más teme o teme una persona un resultado potencial, menos probable cree que ocurra. Por ejemplo, en noviembre de 2007, los economistas de la *Encuesta de Pronosticadores Profesionales de la Reserva Federal de Filadelfia* predijeron solo un 20% de probabilidades de "crecimiento negativo" de la economía estadounidense en cualquier momento de 2008, a pesar de las señales visibles de una recesión inminente (Beaton, 2017). Lo que siguió fue la recesión económica más grave en Estados Unidos desde la Gran Depresión de la década de 1930 (Investopedia, 2022). Si relacionamos esto con nuestras predicciones de seguridad, a menudo asumimos que nuestros esfuerzos preventivos son sólidos, que nuestros procesos son buenos, que nuestras organizaciones son "seguras" y, en última instancia, que no pueden fallar; nos inclinamos hacia el optimismo y el exceso de confianza mientras evitamos el hecho de que todos estos esfuerzos preventivos -en algún momento- se degradarán, se averiarán y fallarán.

Otro problema de este sesgo hacia la predicción y la prevención es que nos desplaza hacia el "si ocurre algo malo" y nos aleja del "cuando ocurre algo malo". Muy a menudo, parece que damos más importancia a los datos de seguridad que a la realidad de la seguridad: perdemos el contacto con la realidad de nuestros mundos laborales. Creemos que, si nos centramos lo suficiente en la prevención, eliminamos la posibilidad de que se produzcan catástrofes en nuestros lugares de trabajo. Y que, si conseguimos que fluyan suficientes datos de seguridad, podremos ver o predecir cuándo se va a producir la próxima fatalidad o catástrofe, lo que nos dará tiempo suficiente para reforzar nuestros esfuerzos preventivos y evitar que se produzca el resultado no deseado.

Por si fuera poco, las catástrofes son especialmente difíciles de predecir. ¿Cuál es el problema? Las lesiones graves y las muertes son valores atípicos, no son normales, son anomalías en nuestros sistemas (Conklin, 2017). Una anomalía, al ser algo que se desvía de lo estándar, normal o esperado, los hace altamente impredecibles. Como hemos visto en capítulos anteriores, nuestros enfoques tradicionales de "predecir y prevenir" la seguridad simplemente no funcionan para eventos más extremos.

Redefinición de nuestros objetivos...

Cuando hablamos de datos de seguridad en particular, es probable que la analogía del coche esté un poco manida, pero la compartiré con ustedes de todos modos. Si pensaba que podía leer un libro sobre seguridad y evitar oír una historia sobre conducción, se equivocaba...

Suelo pensar en todos estos puntos de datos, estos indicadores "adelantados" y "rezagados", de forma parecida a cómo interpretaríamos la información mientras conducimos un coche. En muchas organizaciones, intentamos conducir nuestros "coches" a través del espejo retrovisor: intentamos ver hacia dónde vamos examinando de cerca dónde hemos estado. Cuando chocamos contra un muro o nos despeñamos demasiadas veces, solemos modificar nuestro enfoque. En lugar de intentar conducir por el retrovisor, nos fijamos en el salpicadero. Intentamos conducir nuestro coche mirando los distintos indicadores, medidas e información. Cuando chocamos contra una señal de tráfico o caemos en una zanja, volvemos a modificar nuestro enfoque: empezamos a intentar conducir el coche no sólo mirando el salpicadero, sino también de vez en cuando por el retrovisor. Una vez más, chocamos.

Ahora estamos frustrados y nos proponemos solucionar el problema. Ya tenemos indicadores adelantados y atrasados, ¿qué debemos hacer? Necesitamos mejores indicadores adelantados y rezagados: mejores indicadores, medidas y fragmentos de información junto con un mejor análisis de lo que ya nos ha pasado. Seguramente, con todos estos indicadores adicionales y una mayor atención a lo que ya hemos pasado, mejoraremos en la conducción de nuestro coche. Esta vez atropellamos y matamos a un peatón que intentaba cruzar la carretera.

El objetivo de esta historia no es restar importancia a nuestros indicadores y salpicaderos: está muy bien saber cuánto combustible tienes o si tu coche se está sobrecalentando. No estoy diciendo que no debamos mirar atrás y aprender de los acontecimientos que hemos vivido: eso es algo estupendo. Pero intentar conducir nuestros coches mirando por el retrovisor, el salpicadero, o ambas cosas, no es una buena forma de conducir un coche. ¿Cuál es la parte más importante de un coche en movimiento? Lo que hay delante del coche. ¿Está bien mirar por el retrovisor? Claro, probablemente sea una buena idea. ¿Hay que vigilar los indicadores? Por supuesto. Pero, lo más importante de todo es que debemos mirar a través del parabrisas: debemos mirar la realidad.

Así pues, nos encontramos ante otra cuestión relativa a nuestra obsesión por predecir y prevenir los incidentes de seguridad: ¿qué es lo que esperamos conseguir? Si nuestro objetivo es dejar de mutilar y matar a trabajadores, la predicción y la prevención no son el camino a seguir. Intentar predecir y prevenir "con más ahínco" probablemente haga que las organizaciones maten a más trabajadores, no a menos.

No se trata de que la seguridad tradicional sea una porquería: nuestros métodos tradicionales son bastante eficaces para muchas cosas. Un buen trabajo es un buen trabajo y un trabajo eficaz es eficaz. Si es un trabajo bueno y eficaz, y se ajusta a nuestros principios de rendimiento humano y organizativo, probablemente deberíamos mantener ese esfuerzo. Pero tenemos que dejar de engañarnos a nosotros mismos (y a nuestras organizaciones) haciéndonos creer que finalmente predeciremos y evitaremos el fracaso. El fracaso es la constante, lo único de lo que podemos depender...

Tomémonos un momento para destacar algunos puntos clave...

Algunos puntos clave:

- No somos buenos prediciendo sucesos, especialmente los mortales.
- La prevención es buena, pero centrarse sólo en ella o en exceso es perjudicial.
- Centrarse y esforzarse más en predecir y prevenir no dará mejores resultados.

Aunque no debemos renunciar a nuestros esfuerzos en materia de prevención -es realmente eficaz para muchas cosas-, tenemos que empezar a comprender que la prevención por sí sola no es eficaz para reducir las lesiones graves y las muertes. Debemos hacer algo distinto si queremos ver un resultado diferente. Seguir empeñados en predecir mejor y prevenir más, sólo nos condenará a una existencia de "más de lo mismo".

Las lesiones graves y las muertes son eventos impredecibles que existen dentro de la incertidumbre - no podemos predecir las muertes o controlar completamente la incertidumbre (Conklin, 2017) - no podemos gestionar la incertidumbre, pero podemos gestionar la presencia de controles. No podemos predecir y prevenir cada cosa mala potencial que podría ocurrir, pero podemos crear un sistema resiliente que pueda gestionar eficazmente los fallos.

En lugar de perder el tiempo adivinando el futuro de la seguridad, tratando de predecirlo y evitarlo todo, es mucho mejor invertirlo en diseñar sistemas que no provoquen resultados catastróficos cuando fallen.

PUNTOS CLAVE

La adivinación de la seguridad es un intento de predecir y prevenir acontecimientos.

No somos buenos prediciendo acontecimientos, no podemos ver el futuro.

La prevención es buena, pero centrarse sólo en ella o en exceso es perjudicial.

Centrarse y esforzarse más en predecir y prevenir no dará mejores resultados.

En lugar de perder el tiempo adivinando el futuro de la seguridad, sería mejor invertirlo en diseñar sistemas que no provoquen catástrofes cuando fallen.

LLEVARLO A LA PRÁCTICA

- Eliminar la adivinación de la seguridad de la organización
- No renunciar a la prevención, sino intentar que la organización vaya más allá de ella.
- Invierta tiempo y energía en diseñar sistemas que no provoquen resultados catastróficos cuando fallen.
- Centrar los esfuerzos de la organización en la gestión de las salvaguardi|as y los controles que salvan vidas.

ABRAZAR

A LA

HUMANIDAD

TEMAS DE CONVERSACIÓN

¿Cómo suele ver su organización a los trabajadores?

¿Qué significa para su empresa el término "error humano"?

¿Ve el error como una elección?

Deshumanizamos a los trabajadores. ¿Le escuece un poco? Puede, pero es cierto. Eso es gran parte de lo que hemos hablado a lo largo de este libro, de cómo las organizaciones pueden ir más allá de los típicos enfoques y tácticas de gestión deshumanizadores y abrazar plenamente la humanidad de las personas a su cargo.

Tratar a los empleados como niños revoltosos, desconfiar de ellos, abrumarlos con un sinfín de normas, obligarlos a hacer cosas, vigilarlos constantemente y muchas otras cosas: todo esto va en contra de las cualidades humanas, es degradante y despoja a los trabajadores de su dignidad. Esta deshumanización de los trabajadores sólo crea empleados infelices, desmotivados e ineficaces, al tiempo que sirve para minimizar el aprendizaje organizativo, acabar con la innovación de la empresa y paralizar la seguridad y la eficiencia.

Las organizaciones deshumanizan a los trabajadores porque los ven como un problema que hay que controlar. Se considera a las personas como creadoras de problemas - causantes de problemas dentro de los sistemas organizativos- en lugar de solucionadores de problemas. Se asume que los sistemas organizativos irían bien si no fuera por los comportamientos impredecibles y erráticos de los trabajadores poco fiables (Dekker, 2014).

Las organizaciones adoptan esta noción y se inclinan por ella -considerando a las personas como el problema- y señalan los fallos o "errores" humanos como causa de sucesos, lesiones y otras sorpresas operativas. Este elemento de "error humano" -ya que las organizaciones siempre lo encuentran después de un suceso o una sorpresa operativa- se convierte en forraje para los esfuerzos que buscan "arreglar" a los trabajadores, eliminar errores y, en última instancia, curar a la mano de obra de su molesta humanidad. El "error humano" se convierte en el hombre del saco, y su eliminación, en la búsqueda inútil de la organización.

Algunos problemas de aferrarse al "error humano"

Cuando señalamos al "error humano" como culpable, ¿qué estamos diciendo realmente de los que se han equivocado? Más allá de la afirmación de un hecho obvio, "error humano" es un término cargado de significado. El "error humano" es un juicio contra los que se han equivocado -un juicio muy influenciado por el sesgo retrospectivo- y, por lo tanto, contraproducente para la comprensión de las cosas que han ido mal

(Besnard & Hollnagel, 2012) (Woods et. al 1994).

Cuando el "error humano" se considera causal, lo que en realidad se está diciendo es que algo malo ha ocurrido porque alguien -normalmente un trabajador cercano a la fábrica- ha metido la pata. El "error humano" se presenta como una elección del trabajador: equivocarse o no equivocarse. Puesto que el error se considera una elección, y puesto que los "buenos trabajadores" nunca elegirían equivocarse, "error humano" se convierte en sinónimo de culpa. En realidad, lo que se afirma es que los "buenos trabajadores" no cometen errores, sino que los "malos trabajadores" los cometen. Para llegar al núcleo de esta lógica podrida, una creencia típica es que, si los trabajadores fueran mejores personas, no les pasarían cosas malas.

Demostramos claramente esta creencia en nuestras respuestas al "error humano". Culpamos, avergonzamos y reciclamos con la esperanza de convertir a nuestros empleados en mejores seres humanos. Castigamos, golpeamos y expulsamos a los trabajadores para convencerles de que dejen de elegir el "error humano" en lugar del éxito. Las organizaciones ven el "error humano" como una mala elección por parte del trabajador -una "elección" con consecuencias duras y dolorosas- y exigen que los trabajadores tomen mejores decisiones para evitar resultados no deseados.

Abandonar el "error humano"

Según la definición de Conklin, el error es la desviación no intencionada de un resultado esperado (Conklin, 2019). Cómo puede una desviación no intencionada ser una elección? No puede serlo. Lo que ocurre con el error -y con los sucesos que ocurren después de un error- es que son resultados inesperados. Todo tiene mucho sentido, todo parece ir según lo previsto, el trabajo parece ir bien, hasta que de repente no es así. Si los empleados pueden prever que las cosas van a ir mal, no seguirán adelante. El "error humano" solo parece ser una elección con el don de la retrospectiva y el resultado conocido (Dekker, 2014).

"Errar es humano...", dice el refrán, que por cierto da en el clavo. Pero también lo es adaptarse, resolver, solucionar, ajustar y todos los demás elementos clave en los que confiamos para generar resultados satisfactorios en nuestro mundo laboral y fuera de él. El potencial de "error" está incluido en nuestro ADN, junto con todas las demás cosas que conforman nuestra humanidad, que nos dan el "elemento humano". Y adivina qué, la gente suele acertar. La gente suele tener éxito en las cosas que se propone.

En lugar de considerar el "error humano" como la causa de resultados no deseados, deberíamos tratar de entender por qué el mismo comportamiento -comportamiento que solo se considera un "error" después de un resultado no deseado- suele hacer que las cosas salgan bien y, en ocasiones, hace que las cosas salgan mal (Besnard y Hollnagel, 2012).

Adoptar el elemento humano

Si nuestro deseo es aprender información profunda y contextual sobre el trabajo normal, debemos dejar de lado esta noción de que el "error humano" es la causa de los acontecimientos dentro de nuestros mundos laborales. Citar el "error humano" sólo nos frena, impidiéndonos profundizar en cómo se manifiestan realmente las sorpresas operativas no intencionadas en nuestras organizaciones.

Estas 10 ideas, junto con los principios del Rendimiento Humano y Organizativo en los que se basan, se centran en gran medida en eliminar los obstáculos al aprendizaje. Se trata de ir más allá de las cosas que se interponen en el camino del aprendizaje, para que podamos aprender más sobre las áreas de riesgo crítico, para que podamos crear sistemas que no den lugar a resultados catastróficos cuando fallen, para que se puedan mantener y mejorar los controles y salvaguardias que salvan vidas.

La única opción ante el error humano es elegir cómo lo vemos. No permitamos que las suposiciones erróneas en torno al "error humano" se interpongan en el camino de un aprendizaje operativo profundo y significativo que conduzca a la mejora de los controles y salvaguardias que salvan vidas.

PUNTOS CLAVE

La visión tradicional de los trabajadores los deshumaniza

El "error humano" se convierte en el coco, y la eliminación de este coco se convierte en la búsqueda inútil de la organización.

En realidad, el error es la desviación involuntaria de un resultado esperado.

El error es involuntario y no una elección

Si nuestro deseo es aprender información profunda y contextual sobre el trabajo normal, debemos dejar de lado esta noción de que el "error humano

El aprendizaje profundo e intencionado conduce a la mejora general del sistema y ayuda a mantener y mejorar los controles y salvaguardias que salvan vidas.

LLEVARLO A LA PRÁCTICA

- Centrarse en cambiar los supuestos organizativos sobre el "error humano".
- Eliminar el "error humano" como causa de los procesos y tácticas organizativos.
- Modificar las tácticas organizativas en torno a la "investigación de sucesos" y orientarlas hacia la revisión del aprendizaje.
- Tratar de mejorar el sistema o el entorno en lugar de intentar modificar el comportamiento humano mediante recompensas y castigos.

CONCLUYENDO CON UNAS PALABRAS FINALES

Así pues, ha decidido hacer las cosas "de otra manera" en su organización, ha decidido poner en práctica estas ideas en su lugar de trabajo, ¿y ahora qué? Aunque espero haberle proporcionado algunas ideas prácticas sobre cómo lograrlo -ideas esparcidas a lo largo de los capítulos anteriores de este libro-, quiero dejarle con algunas ideas relacionadas con un cambio organizativo general hacia el Rendimiento Humano y Organizativo.

Aunque un cambio organizativo profundo y fundamental puede ser una tarea desalentadora, no tenga miedo de aceptar el reto de mejorar las cosas. Sí, estos esfuerzos llevan tiempo y a veces avanzan con dolorosa lentitud. Sí, por supuesto, la organización a veces retrocederá o volverá a sus "viejas costumbres". Sí, se encontrará con líderes que simplemente no están de acuerdo o que intentan activamente desbaratar estos esfuerzos. Pero todo esto no son más que puntos en el camino, peldaños para mejorar la organización, que le conducirán hacia un lugar de trabajo mejor. Recuerde, esto es un viaje...

Como en cualquier viaje, se encontrará con baches, saltos y obstáculos en el camino. Acepte el proceso. Yo mismo luché con algunos de estos retos en mis primeras experiencias con la creación de HOP, sobre todo con la parte de "retroceder" de vez en cuando. Cuando se sienta frustrado, aléjese. Dé un paso atrás y observe dónde ha estado la organización, dónde está y hacia dónde se dirige: la cantidad de cambios positivos que verá a menudo le sorprenderá y aliviará sus frustraciones.

Dado que su organización es única, su viaje también será extremadamente único, y así debe ser. Tome estas ideas, estos conceptos y estas reflexiones sobre cómo dar vida al Rendimiento Humano y Organizativo y cree un enfoque a medida para provocar eficazmente un cambio positivo en su mundo laboral.

No aborde estos conceptos con una mentalidad tradicional

Muy a menudo veo empresas que intentan "forzar" el Desempeño Humano y Organizacional en sus organizaciones, tratando de planificar meticulosamente cada paso de este viaje en una línea de tiempo de "implementación de HOP", o tratando de "hacer HOP" utilizando los mismos métodos de organización y tácticas que han utilizado para la mayor parte de todo lo demás - utilizando un enfoque similar a la puesta en marcha de un "programa de seguridad". Pero el Rendimiento Humano y Organizativo no es un programa y enfocarlo como tal sólo crea dolores de cabeza y problemas en el camino - sólo sofoca el progreso o te deja con un producto final bastardo lejos de la verdadera intención de estos conceptos e ideas.

Estos conceptos e ideas son diferentes, por lo que debemos abordarlos de forma diferente. Tenga mucho cuidado con los típicos deseos organizativos de simplificar, estandarizar y forzar el ajuste para crear progreso y cambio: estos métodos siempre son contraproducentes. El Desempeño Humano y Organizacional es un conjunto de creencias que dan forma a nuestros programas, herramientas, comportamientos y lenguaje (Baker, 2019) - no es un programa para 'desplegar'. Simplemente no podemos cambiar las creencias a través de la aplicación de un programa, no podemos simplemente "desplegar" nuevos supuestos en nuestras organizaciones, no podemos lograr este cambio tratando de encajarlo a la fuerza. Debe hacer crecer el Rendimiento Humano y Organizativo dentro de su organización remodelando los supuestos y creencias organizativos en torno al error, la culpa, el aprendizaje, la definición de seguridad, etc...

El Rendimiento Humano y Organizativo no es un programa, pero debe tener un plan. Se necesita un proyecto, una receta para el pastel. Hay que reunir los ingredientes adecuados en el momento oportuno: no queremos hacer una tarta de chocolate húmeda y deliciosa y acabar con una tarta: nadie quiere una tarta. Hay que tener a las personas adecuadas trabajando en las cosas adecuadas en el momento adecuado. Tiene que averiguar cómo es su pequeño ejército HOP, cómo funciona, dónde están sus "puntos brillantes", hacia dónde se dirige y cómo cree que va a llegar hasta allí. No se ate completamente a la planificación: este plan nunca debe ser rígido. Se moverá, cambiará y barajará, como debe ser. Habrá cosas que se aparten y otras que se incorporen, pero necesita una hoja de ruta que le lleve por el camino correcto.

Algunas consideraciones de planificación antes de iniciar el viaje:

Preparación de la organización

¿Cuál es la situación actual de su organización? Intente comprender el estado actual de su organización y defina a dónde quiere llegar. Esta evaluación de la preparación de la organización le permitirá elaborar un enfoque personalizado basado en la realidad actual de su organización. Le ayudará a iniciar su viaje en el momento adecuado y le permitirá empezar con buen pie.

Creación del equipo central

¿Quiénes son sus defensores internos, esas personas conocedoras y apasionadas, que le ayudarán a llevar a cabo este cambio? Encuéntrelos, reúnalos y prepárelos para el éxito proporcionándoles el tiempo, los recursos y el apoyo adecuados para asumir esta tarea.

Implicación de los empleados

¿Cómo va a situar a sus empleados en el centro de este cambio, cómo va a asegurarse de que tengan voz? Tenga mucho cuidado de no "hacer HOP" a su organización. Puede evitarlo implicando a sus trabajadores en estos esfuerzos de cambio. Involucre a sus empleados, escúchelos, aprenda de ellos y asegúrese de que sus voces -sus ideas y sus pensamientos- brillen y se muestren en los resultados de estos esfuerzos.

Es más un "marco" que un plan...

En un artículo de 2019 en el sitio web Safety Differently, Andrea Baker describe las "5 fases" de la integración del rendimiento humano y organizativo:

- Liderazgo Interés
- Construcción de fluidez HOP
- Aprendizaje operativo
- Alineación
- Gestión de la seguridadManagement

Profundicemos un poco más en cada uno de ellos...

Interés por el liderazgo

Trate de obtener el apoyo de los líderes de su organización y encuentre campeones o patrocinadores de liderazgo a los que recurrir durante este viaje. Estos aliados del Rendimiento Humano y Organizativo son cruciales para el crecimiento general y el éxito de estos conceptos dentro de su empresa.

En qué consiste...

- Establecer relaciones con los líderes
- Tutoría de los líderes, especialmente a través de los retos
- Enseñar los conceptos HOP a los líderes
- Argumentar el cambio
- Posiblemente traer a ponentes externos para ayudar a cambiar puntos de vista

Desarrollar la fluidez de HOP

Este es el componente educativo de su viaje: la integración de estos conceptos e ideas en su organización. Mediante la enseñanza de temas como los fundamentos del Rendimiento Humano y Organizativo, los equipos de aprendizaje, etc., establecerá un nivel básico de conocimientos en torno a este nuevo enfoque. Con el tiempo empezará a notar cambios sutiles en el lenguaje de su organización - su organización empezará a sonar como una empresa centrada en HOP - su empresa empezará a "hablar HOP".

Qué aspecto tiene esto...

- Ofrecer sesiones informativas sobre HOP
- Impartir formación básica sobre HOP
- Enseñar el uso de equipos de aprendizaje y exploraciones de aprendizaje
- Cambiar el mensaje organizativo hacia el Rendimiento Humano y Organizativo.

Aprendizaje operativo

En este punto de su viaje, está empezando a adoptar herramientas como los equipos de aprendizaje y las exploraciones de aprendizaje: la organización está cambiando hacia un enfoque deliberado y apasionado en el aprendizaje, especialmente de aquellos que hacen el trabajo. No se limite a buscar este aprendizaje tras un acontecimiento o una sorpresa operativa, salga y "aprenda a propósito" sobre la normalidad cotidiana.

Qué aspecto tiene esto...

- Empezar a utilizar cada vez más los equipos de aprendizaje y las exploraciones de aprendizaje.
- Cada vez nos centramos más en la obtención de información rica en

contexto: las viejas respuestas (por ejemplo, "alguien ha metido la pata") ya no son aceptables.

- Empieza a verse un uso más independiente de los equipos de aprendizaje en toda la organización: la gente te traerá equipos de aprendizaje que han hecho por su cuenta.
- Aumento de la curiosidad por el trabajo normal

Alineación

Llegados a cierto punto de madurez en su viaje hacia el Rendimiento Humano y Organizativo, habrá llegado el momento de empezar a integrar los principios HOP y los mecanismos de aprendizaje operativo en sus sistemas, procesos y programas existentes. A veces, esto también requiere una buena dosis de limpieza -deshacerse de cosas que van en contra de estos principios o que simplemente no son útiles o ya no se necesitan- para hacer avanzar las cosas separándose de lo que no se puede alinear.

Cómo es esto...

- Modificación de procesos y programas para alinearlos con los principios HOP.
- Incorporación de los principios y mecanismos de aprendizaje de HOP a los procesos y programas.

- Eliminación de normas, procesos y programas.
- La eliminación de normas, procesos y programas que no pueden alinearse con los principios HOP.
- Creación de un marco HOP para garantizar la sostenibilidad de HOP.

Gestión de salvaguardias

Ahora, con estos conceptos e ideas firmemente arraigados en la organización, y utilizando esta inteligencia operativa obtenida a través de mecanismos de aprendizaje operativo (como equipos de aprendizaje o exploraciones de aprendizaje), la organización trata de diseñar, mejorar y gestionar de forma continua y colaborativa las salvaguardias y los controles que salvan vidas.

Qué aspecto tiene...

- Mejora de los controles y salvaguardias existentes
- Mejora del diseño de los sistemas
- Aprendizaje operativo continuo en torno a áreas de riesgo crítico
- Pruebas periódicas de salvaguardias y controles

Estas consideraciones y las "5 fases" le resultarán cruciales a la hora de trazar el camino de su organización hacia el Rendimiento

Humano y Organizativo. Piense detenidamente en estas áreas cuando empiece a dar vida a estos conceptos en su lugar de trabajo, pero sin obsesionarse ni atarse a una planificación rígida. No existe una "forma correcta" de llevar a cabo estos cambios fundamentales, no hay una verdadera guía para realizar estos cambios. Traza un rumbo y empieza a moverte en la dirección correcta, mantén tu plan flexible y comprende que cambiará a lo largo del camino.

Hacer las cosas al revés

En varias ocasiones he visto cómo el Rendimiento Humano y Organizativo se desarrollaba "al revés", es decir, en el seno de organizaciones con muy poco interés por parte de los directivos, pero que aprovechaban su éxito para despertar el interés de éstos.

En estos casos, el Rendimiento Humano y Organizativo se aplica más a nivel local o de grupo. Estos "puntos brillantes" actúan entonces como catalizadores del crecimiento del HOP en toda la organización. Cuando los beneficios de hacer las cosas de forma diferente empiezan a salir a la luz, los niveles superiores de la organización no tardan en darse cuenta. Se trata de demostrar el éxito a través de la acción: hacer las cosas de forma diferente a nivel local y, a continuación, difundir esas historias de éxito por toda la empresa. Los buenos resultados son difíciles de negar y rápidamente generan más entusiasmo y apoyo.

Estos esfuerzos más localizados suelen comenzar como iniciativas "de base", que cobran vida a través de la creciente fluidez del HOP, el abandono de la culpa, el cambio de reacciones, la aceptación del aprendizaje, en una subcultura concreta de la organización.

Aunque esto parezca contrario a la orientación aceptada en torno a los esfuerzos de cambio organizativo -y lo es en muchos sentidos-, he visto que funciona bien. Especialmente en organizaciones que no están preparadas para dar el salto, o con equipos directivos de alto nivel que simplemente no ven la necesidad del cambio. Estos enfoques "retrospectivos" pueden ser muy útiles si su organización desea el cambio, pero no cuenta con un compromiso claro de los niveles superiores de la cadena de liderazgo.

Aproveche las ya mencionadas "5 Fases" de la integración del Desempeño Humano y Organizacional (Baker, 2019) mientras busca este enfoque más localizado también - solo aplíquelas de manera local. Como ejemplo, en lugar de buscar el compromiso ejecutivo, este "interés de liderazgo" podría parecerse más al apoyo de un gerente local, supervisor o líder de equipo.

Un punto de partida sencillo

Si todo esto es demasiado para que su organización lo asuma todo de una vez, suelo recomendar que se empiece organizando algunos equipos de aprendizaje o exploraciones de aprendizaje. Elija un área que necesite una pequeña mejora, un punto débil o un problema concreto, o simplemente elija un trabajo o una tarea sobre la que le gustaría aprender más e inténtelo. Salga y utilice estos mecanismos de aprendizaje operativo para hacer que su lugar de trabajo sea mejor y para contar la historia del trabajo normal -de la realidad- a través de su organización.

El uso de los enfoques para obtener inteligencia operativa son de bajo riesgo y alta recompensa - son la oportunidad perfecta para demostrar la viabilidad y utilidad de hacer las cosas de forma un poco diferente.

Modere sus expectativas

Como ya he mencionado, al principio tuve problemas con la lentitud general del cambio y con los casos de líderes que volvían a su mentalidad más tradicional cuando empecé a dirigir este tipo de iniciativas de cambio. Es muy fácil sentirse frustrado y decepcionado si no se toma el tiempo necesario para moderar sus expectativas al iniciar este viaje. También es vital comprender que los indicadores de los "grandes progresos" dentro de su organización a menudo se encuentran en las pequeñas cosas.

Uno de los mejores lugares que he encontrado para detectar el progreso es escuchar las historias de los trabajadores de su organización. Cuando escuchas historias de cosas que mejoran, de cosas que tienen más sentido, de mejores experiencias, esas pequeñas cosas son enormes indicadores de éxito. El mero hecho de que la gente comparta sus historias de "trabajo normal" le indica que las cosas van por buen camino. Cuando te sientas agotado y cansado, dedica algo de tiempo a escuchar las historias que se cuentan en su organización.

Apégese a los principios

Independientemente de dónde se encuentre su organización en su viaje hacia el Rendimiento Humano y Organizativo, mantenga siempre los 5 Principios del Rendimiento Humano y Organizativo en el centro de sus esfuerzos: apóyese en ellos, apóyese en los conceptos de Seguridad Diferente y apóyese en estas 10 ideas.

Cuando las cosas se pongan difíciles, apóyate con más fuerza. Cuando las cosas empiecen a ir hacia atrás, apóyese aún más en ellas. Cuando se sienta confuso o inseguro sobre qué hacer en una situación concreta, deje que estos principios, conceptos e ideas le guíen: no le llevarán por mal camino.

Su empresa es única...

Su empresa es única, por lo que su viaje también lo será. Acepte esta singularidad, ¡es lo que hace grande a su empresa! Su singularidad debe reflejarse en su plan y en la forma de dar vida a los conceptos e ideas en su mundo laboral. Tome estas ideas y, ciñéndose a los principios, aplíquelas de forma creativa en su organización. Tome estas ideas y adáptelas para que funcionen eficazmente en su empresa. Apoyándose en los principios y en todas las ideas que hemos discutido, y escuchando y aprendiendo de su fuerza de trabajo, dé forma al camino único de su organización hacia la mejora. Hágalo y conseguirá cosas increíbles.

Buena suerte en su viaje. Estoy impaciente por ver las cosas asombrosas que conseguirá en sus organizaciones.

EPÍLOGO

Este viaje merece la pena.

He tenido el honor y el placer de participar en los viajes de varias empresas hacia la aplicación de estos conceptos e ideas, y estoy aquí para decirles que el cero por ciento de ellas se han arrepentido. He liderado estos cambios mientras trabajaba internamente para organizaciones (que históricamente tenían una base muy tradicional) y he tenido la oportunidad de ver y sentir estos cambios por mí mismo. Este viaje es largo y lento, pero merece la pena.

Ver y sentir los resultados del Desempeño Humano y Organizacional cobrar vida dentro de su organización es impresionante - ser testigo de los cambios literalmente te pone la piel de gallina. Cuando pienso en la primera vez que se me presentó la oportunidad de dirigir este tipo de iniciativa para una organización, mientras trabajaba para una gran empresa del sector de la generación de energía, lo que más me llama la atención son las historias.

Escuché historias como la de un veterano de 30 años de esta organización en particular que describía cómo, después de un suceso, fue acogido por la empresa en lugar de ser culpado y despedido. Escuché a un nuevo empleado comparar esta organización con la anterior, destacando la diferencia positiva en su experiencia laboral. Escuché una historia tras otra -demasiadas para compartirlas aquí- que describían cómo este cambio fundamental había tenido un impacto directo y positivo en sus vidas laborales. Estas historias no son meros "cuentos chinos", sino poderosos indicadores de un avance en una dirección mejor. Son una demostración de la mejora de la vida laboral -las experiencias vividas- de quienes residen en nuestras organizaciones.

¿Cuáles son las historias que conforman actualmente su mundo laboral? Si pudiera acceder a ellas ahora mismo, ¿qué oiría? ¿Oiría historias de aprendizaje y mejora, o historias de culpa, vergüenza, dolor y sufrimiento de los empleados? Sus empleados tienen historias, historias a las que su organización está ayudando a dar forma. ¿Está contribuyendo a mejorarlas o a empeorarlas?

Estas 10 Ideas le ayudarán a dar vida al Rendimiento Humano y Organizativo, le ayudarán a revolucionar sus planteamientos sobre la seguridad en el trabajo (y prácticamente todo lo demás), y le ayudarán a provocar un cambio transformador en sus mundos laborales - mediante su uso elaborará mejores historias. Al dar vida a estos conceptos, estará construyendo deliberadamente un mundo laboral mejor y creando una experiencia vivida mucho más positiva para sus empleados.

El viaje merece la pena porque las personas de su organización, las que trabajan incansablemente para que las cosas se hagan bien, merecen la pena. Su gente, esos trabajadores que le han sido confiados, valen la pena.

Brindemos por la búsqueda constante de hacer las cosas mejor, por hacer que el trabajo (y la seguridad en el trabajo) apeste un poco menos, por todos los que trabajan en nuestro mundo laboral.

RECURSOS ADICIONALES

Para formación y consultoría en
Rendimiento Humano y Organizativo,
equipos de aprendizaje y apoyo a la
seguridad, visite...

www.thehopnerd.com

También

Sintonice The HOP Nerd Podcast,
disponible en todos los lugares donde se
escuchan podcasts, para disfrutar de
conversaciones semanales en
profundidad sobre cómo mejorar la
seguridad.

UNA NOTA RÁPIDA

En las páginas siguientes encontrará un gran número de recursos y personas que le ayudarán en su viaje hacia el rendimiento humano y organizativo.

He intentado ser lo más preciso posible - incluyendo a todos los pensadores y profesionales increíbles que he podido-, pero estoy seguro de que me he dejado a alguien o algo.

Cualquier omisión no ha sido a propósito y las listas no están en ningún orden en particular.

Por favor, tómese su tiempo para aprender más acerca de todos estos grandes libros, podcasts, y la gente - usted encontrará estos recursos de gran valor para usted en el camino.

LA GENTE

Todd Conklin
www.hophub.org

Sidney Dekker
www.sidneydekker.com

Erik Hollnagel
www.erikhollnagel.com

David Woods
www.adaptivecapacitylabs.com

Richard Cook
www.adaptivecapacitylabs.com

Robert Long
www.humandymensions.com

Bob Edwards
www.hopcoach.net

Andrea Baker
www.thehopmentor.com

Dave Provan
www.safetyfutures.com

Clive Lloyd
www.gystconsulting.com.au

Jay Allen
www.safetyfm.com

James MacPherson
www.riskfluentltd.com

Mark Alston
https://investigationsdifferently.com.au/

Brent Sutton
www.learningteamscommunity.com

Rosa Antonia Carrillo
www.carrilloconsultants.com

Jeff Lyth
www.safetydifferently.com

Ron Gant
www.scm-safety.com

Y muchos más...

LIBROS

Conklin, T. (2019). The 5 Principles of Human Performance: A contemporary update of the building blocks of Human Performance for the new view of safety. Independently published.

Conklin, T. (2016). Pre-Accident Investigations: Better Questions - An Applied Approach to Operational Learning (1st ed.). CRC Press.

Conklin, T. (2020). When The Worst Accident Happens: A field guide to creating a restorative response to workplace fatalities and catastrophic events. Independently published.

Conklin, T. (2012). Pre-Accident Investigations: An Introduction to Organizational Safety (1st ed.). CRC Press.

Dekker, S., & Conklin, T. (2022). Do Safety Differently. Independently published.

Dekker, S. (2017). The Safety Anarchist: Relying on human expertise and innovation, reducing bureaucracy and compliance (1st ed.). Routledge.

Dekker, S. (2016). Just Culture: Restoring Trust and Accountability in Your Organization, Third Edition (3rd ed.). CRC Press.

Dekker, S. (2014). The Field Guide to Understanding "Human Error" (3rd ed.). CRC Press.

Dekker, S. (2014). Safety Differently: Human Factors for a New Era, Second Edition (2nd ed.). CRC Press.

Dekker, S. (2011). Drift into Failure: From Hunting Broken Components to Understanding Complex Systems (1st ed.). CRC Press.

Lloyd, C. (2021). Next Generation Safety Leadership (1st ed.). CRC Press.

Edwards, B., & Baker, A. (2020). Bob's Guide to Operational Learning: How to Think Like a Human and Organizational Performance (HOP) Coach. Independently published.

Perrow, C. (1999). Normal Accidents: Living with High-Risk Technologies (Revised ed.). Princeton University Press.

Hollnagel, E. (2017). Safety-II in Practice: Developing the Resilience Potentials (1st ed.). Routledge.

Hollnagel, E. (2014). Safety-I and Safety-II: The Past and Future of Safety Management (1st ed.). CRC Press.

Hollnagel, E., Pariès, J., Woods, D., & Wreathall, J. (2013). Resilience Engineering in Practice: A Guidebook (Ashgate Studies in Resilience Engineering) (1st ed.). CRC Press.

Provan, D., & Dekker, S. (2022). A Field Guide to Safety Professional Practice. Safety Futures.

Schein, E. H., & Schein, P. A. (2021). Humble Inquiry, Second Edition: The Gentle Art of Asking Instead of Telling (The Humble Leadership Series) (Expanded ed.). Berrett-Koehler Publishers.

Sutton, B. L., McCarthy, G., Robinson, B. M., Sutton, B., & Conklin, T. (2020). The Practice of Learning Teams: Learning and improving safety, quality, and operational excellence. Independently published.

Edmondson, A. C. (2018). The Fearless Organization: Creating Psychological Safety in the Workplace for Learning, Innovation, and Growth (1st ed.). Wiley.

Schein, E. H., & Schein, P. A. (2016). Organizational Culture and Leadership (The Jossey-Bass Business & Management Series) (5th ed.). Wiley.

Y muchos más...

PODCASTS

Podcast sobre la investigación previa a un accidente
presentado por Todd Conklin

La seguridad en el trabajo
presentado por Drew Rae y David Provan

The HOP Nerd
presentado por Sam Goodman

El Show de Jay Allen
presentado por Jay Allen

Rebranding Safety
presentado por James MacPherson

Podcast sobre psicología social del riesgo
presentado por Robert Long

DisasterCast
presentado por Drew Rae

La práctica de los equipos de aprendizaje
presentado por Brent Sutton et al.

Y muchos más...

SITIOS WEB

Seguridad de forma diferente
www.safetydifferently.com

Centro HOP
www.hophub.org

El Nerd del HOP
www.thehopnerd.com

Comunidad de equipos de aprendizaje
www.learningteamscommunity.com

Laboratorio HOP
www.southpacinternational.com/hoplab

Sam Goodman es padre, marido y amigo. También es consultor y profesional del rendimiento humano y organizativo, profesional de la seguridad y evangelista de la mejora. Es autor de varios libros centrados en la seguridad en el trabajo y la profesión de la seguridad, y el presentador y productor de The HOP Nerd Podcast y Really F**king Scary Stories. Es el fundador de The HOP Nerd, que se centra en ofrecer servicios de consultoría sobre rendimiento humano y organizativo, y de Pale Horse Media Co. Sam es un consumado autor, conferenciante, consultor y coach. Vive en Phoenix, Arizona con su marido Jerel y su increíble hija Avery. A Sam le gusta crear "cosas malas" y ha convertido en la misión de su vida *"Hacer del mundo un lugar mejor para trabajar"* *"haciendo que la seguridad apeste menos"*.

BIBLIOGRAFÍA

PhD, Conklin Todd. *The 5 Principles of Human Performance: A Contemporary Update of the Building Blocks of Human Performance for the New View of Safety*. Independently published, 2019.

Dekker, Sidney. *Safety Differently: Human Factors for a New Era, Second Edition*. 2nd ed., CRC Press, 2014.

Dekker, Sidney. *Just Culture: Restoring Trust and Accountability in Your Organization, Third Edition*. 3rd ed., CRC Press, 2016.

Bayless, Kate. "What Is Helicopter Parenting?" Parents, 2019, www.parents.com/parenting/better-parenting/what-is-helicopter-parenting.

McCarthy, K., & More, R. (2021, October 29). Are You a Helicopter Parent? Signs and Characteristics to Avoid. LoveToKnow. https://family.lovetoknow.com/parenting-tips-strategies-modern-world/helicopter-parents-facts-characteristics-know

Goodman, Samuel Uriah, and Ian Allison. *Safety Sucks! The Manifesto*. Independently published, 2021.

Goodman, Sam. *WTFRM?: A Reflection on What Is Meaningful to Workplace Safety*. Independently Published, 2021.

Hall, Ph.D., E. D. H. (2019, June 6). Why We Hate People Telling Us What to Do. Psychology Today. Retrieved July 19, 2022, from https://www.psychologytoday.com/us/blog/conscious-communication/201906/why-we-hate-people-telling-us-what-do

Bessarabova, E., Fink, E. L., & Turner, M. (2013). Reactance, restoration, and cognitive structure: Comparative statics. Human Communication Research, 39(3), 339-364.

Dixon. (2016). Compliance: An Introduction. IB PSYCHOLOGY. Retrieved July 19, 2022, from https://www.themantic-education.com/ibpsych/2016/10/25/compliance-an-introduction/

Cherry. (2022, June 8). The Psychology of Compliance. Verywell Mind. https://www.verywellmind.com/what-is-compliance-2795888

Cullum J, O'Grady M, Armeli S, Tennen H. The role of context-specific norms and group size in alcohol consumption and compliance drinking during natural drinking events. Basic Appl Soc Psych. 2012;34(4):304-312. doi:10.1080/01973533.2012.693341

Walton. (2017). Understanding Other People Requires Being Them, Not Reading Them. The University of Chicago Booth School of Business. Retrieved July 19, 2022, from https://www.chicagobooth.edu/review/understanding-other-people-requires-being-them-not-reading-them

Haotian Zhou, Elizabeth A. Majka, and Nicholas Epley, "Inferring Perspective versus Getting Perspective: Underestimating the Value of Being in Another Person's Shoes," Psychological Science, February 2017.

Grant. (2015, April 16). We're All Terrible at Understanding Each Other. Harvard Business Review. Retrieved July 19, 2022, from https://hbr.org/2015/04/were-all-terrible-at-understanding-each-other

Mcleod, S. (2018). Fundamental Attribution Error. Simply Psychology. https://www.simplypsychology.org/fundamental-attribution.html

Lloyd, C. (2021). Next Generation Safety Leadership (1st ed.). CRC Press.

Havinga, J.; Shire, M.I.; Rae, A. Should We Cut the Cards?
Assessing the Influence of "Take 5" Pre-Task Risk
Assessments on Safety. Safety 2022, 8, 27.
https://doi.org/ 10.3390/safety8020027

Sutton, B. L., McCarthy, G., Robinson, B., & Conklin, T. (2020).
The Practice of Learning Teams: Learning and
improving safety, quality and operational excellence.
Independently published.

Baker, A. (2022, May 2). A Short Introduction to Human and
Organizational Performance (HOP) and Learning
Teams. Safetydifferently.Com. Retrieved July 20, 2022,
from https://safetydifferently.com/a-short-introduction-
to-human-and-organizational-performance-hop-and-
learning-teams/

Edwards, Bob, et al. "Bob and Andy: HOP Foundation and Intro to
Learning Teams." HOP Hub,
www.hophub.org/_files/ugd/1a0149_4977f9027414499
db5e3e43cc7706a60.pdf. Accessed 21 July 2022.

Edwards, Bob, and Andrea Baker. "Bob and Andy: Learning Team
Deep Dive." HOP Hub,

www.hophub.org/_files/ugd/1a0149_36353f26c2fb4a8
49ccc53a1a21456f4.pdf. Accessed 21 July 2022.

Dekker, Sidney. The Field Guide to Understanding "Human
Error." 3rd ed., CRC Press, 2014.

Munro, E. R. (2015). The Purpose of Pain. Science Features |
Naked Scientists. Retrieved July 21, 2022, from
https://www.thenakedscientists.com/articles/science-
features/purpose-
pain#:%7E:text=It%20provokes%20an%20unconscious
%20physical,of%20nerves%20within%20the%20body.
(2019, December 3). Owww! The science of pain.
Science News Explores. Retrieved July 21, 2022, from
https://www.snexplores.org/article/owww-science-pain

Denial. (n.d.). Psychology Today. Retrieved July 21, 2022, from
https://www.psychologytoday.com/us/basics/denial

Borschel, M. (2021, May 31). Why do people lash out?
Monica Borschel.
https://doctormonicaborschel.com/2019/08/21/why-do-
people-lash-out/

Williams, K. "Chapter 6 Ostracism: A Temporal Need-Threat
Model, Advances in Experimental Social Psychology, Academic
Press, Volume 41, 2009, Pages 275-314,

https://doi.org/10.1016/S0065-2601(08)00406

(https://www.sciencedirect.com/science/article/pii/S006526010800
4061)

Edmondson, A. C. (2018). The Fearless Organization: Creating
Psychological Safety in the Workplace for Learning, Innovation,
and Growth (1st ed.). Wiley.

Psychology Tools. (2022, May 17). Fight Or Flight Response.
https://www.psychologytools.com/resource/fight-or-flight-
response/#:%7E:text=The%20fight%20or%20flight%20response,b
ody%20to%20fight%20or%20flee.

Cosenzo, V. (2021, March 29). When Safety Proves Dangerous.
Farnam Street. Retrieved July 24, 2022, from
https://fs.blog/safety-proves-dangerous/

Risk Compensation. (n.d.). Wikipedia. Retrieved July 24, 2022,
from https://en.wikipedia.org/wiki/Risk_compensation

SafetyRisk Admin. (2017, February 20). Risk Homeostasis
Theory–Why Safety Initiatives Go Wrong. Safety Risk
.Net. Retrieved July 24, 2022, from
https://safetyrisk.net/risk-homeostasis-theorywhy-
safety-initiatives-go-wrong/

Wilde, G.J.S. (2014). Target Risk 3 – Risk Homeostasis in
Everyday Life. Toronto: PDE Publications – Digital
Edition.

Hallowell. (2020). Safety Classification and Learning (SCL)
Model. Edison Electric Institute.
https://www.safetyfunction.com/_files/ugd/3b3562_8d8
8edfefc4d4c8b8c636dc0267a0c42.pdf

Ferro, S. (2016, January 14). The Paradoxical Ways Bike Helmets
Make Us Less Safe. Mental Floss.
https://www.mentalfloss.com/article/73670/paradoxical
-ways-bike-helmets-make-us-less-safe

Gamble T, Walker I. Wearing a Bicycle Helmet Can Increase Risk
Taking and Sensation Seeking in Adults. Psychological
Science. 2016;27(2):289-294.
doi:10.1177/0956797615620784

W. Kip Viscusi, The Lulling Effect: The Impact of Child-Resistant
Packaging on Aspirin and Analgesic Ingestions, 74
AEA Papers and Proceedings. 324 (1984) Available at:
https://scholarship.law.vanderbilt.edu/faculty-
publications/130

Conklin, T. (2017). Workplace Fatalities: Failure to Predict: A
New Safety Discussion on Fatality and Serious Event
Reduction. Independently Published.

Dekker, S. (2018). The Woolworths Experiment. Safety
        Differently. Retrieved July 24, 2022, from
        https://safetydifferently.com/the-woolworths-
        experiment/

Guidelines Work, Rules Don't. (2022). Weidel on Winning.
        https://weidelonwinning.com/blog/guidelines-work-
        rules-dont/

Mishra, T. (2022, April 6). Safety Compliance. Safeopedia.
        https://www.safeopedia.com/definition/3969/safety-
        compliance

OSHA. (n.d.). Commonly Used Statistics | Occupational Safety
        and Health Administration. Retrieved July 25, 2022,
        from https://www.osha.gov/data/commonstats

OSHA. (n.d.-b). Fatality Inspection Data | Occupational Safety and
        Health Administration. Retrieved July 25, 2022, from
        https://www.osha.gov/fatalities

Brown, J. (2020, July 17). Nearly 50 years of occupational safety
        and health data: Beyond the Numbers: U.S. Bureau of
        Labor Statistics. U.S. BUREAU OF LABOR
        STATISTICS. Retrieved July 25, 2022, from
        https://www.bls.gov/opub/btn/volume-9/nearly-50-
        years-of-occupational-safety-and-health-data.htm

Dekker, S. (2019). Foundations of Safety Science: A Century of
Understanding Accidents and Disasters (1st ed.).
Routledge.

OSHA. (n.d.-c). OSHA Penalties | Occupational Safety and Health
Administration. Occupational Safety and Health
Administration. Retrieved July 25, 2022, from
https://www.osha.gov/penalties

NSC. (n.d.). Work Injury Costs. National Safety Council - Injury
Facts. https://injuryfacts.nsc.org/work/costs/work-
injury-costs/

OSHA. (n.d.-c). Fatality Inspection Data | Occupational Safety and
Health Administration. Occupational Safety and Health
Administration. Retrieved July 25, 2022, from
https://www.osha.gov/fatalities

Baker, A. (2019, April 18). An Introduction to the 5 Phases of
HOP Integration. Safety Differently. Retrieved July 26,
2022, from https://safetydifferently.com/an-
introduction-to-the-5-phases-of-hop-integration/

SafetyRisk. (2022, March 5). The Zero Safety Paradox. Safety
Risk.Net. Retrieved July 26, 2022, from
https://safetyrisk.net/the-zero-safety-paradox/

Safeopedia. (2018, September 26). Zero Harm. Safeopedia.Com.

Retrieved July 26, 2022, from

https://www.safeopedia.com/definition/6854/zero-harm

Gerard Zwetsloot, Stavroula Leka & Pete Kines (2017) Vision

zero: from accident prevention to the promotion of

health, safety and well-being at work, Policy and

Practice in Health and Safety, 15:2, 88-100, DOI:

10.1080/14773996.2017.1308701

Fred Sherratt & Andrew R. J. Dainty (2017) UK construction

safety: a zero paradox?, Policy and Practice in Health

and Safety, 15:2, 108-

116, DOI: 10.1080/14773996.2017.1305040

Dekker, Sidney. (2017). Zero commitment: commentary on

Zwetsloot et al., and Sherratt and Dainty. Policy and

Practice in Health and Safety. 15. 1-7.

10.1080/14773996.2017.1374027.

ABC News. (2010, May 5). Louisiana Oil Spill: Feds Gave Safety

Prize to Transocean's Deepwater Horizon.

https://abcnews.go.com/Blotter/louisiana-oil-spill-feds-

gave-safety-prize-transoceans/story?id=10528236

U.S. CHEMICAL SAFETY AND HAZARD INVESTIGATION

BOARD. (2007). INVESTIGATION REPORT -

REFINERY EXPLOSION AND FIRE.

https://www.csb.gov/bp-america-refinery-explosion/

Hallowell, M., Quashne, M., Salas, R., Jones, M., MacLean,B. and Quinn, E. (2020) The statistical invalidity of TRIR as a measure of safety performance. Construction Safety Research Alliance.

Department of Justice. (2013). Former Shaw Group Safety Manager At TVA Nuclear Sites Sentenced To 78. United States Department of Justice. Retrieved July 26, 2022, from https://www.justice.gov/usao-edtn/pr/former-shaw-group-safety-manager-tva-nuclear-sites-sentenced-78-months-prison-major

Conklin, T. (2012). Pre-Accident Investigations: An Introduction to Organizational Safety (1st ed.). CRC Press

Law Insider. (n.d.). Work rule Definition. Retrieved July 26, 2022, from https://www.lawinsider.com/dictionary/work-rule

Staughton, J. (2022, January 22). What Is Malicious Compliance? Science ABC. Retrieved July 26, 2022, from https://www.scienceabc.com/social-science/what-is-malicious-compliance-meaning-examples.html

Usrey, C. (2021, August 29). The Campbell Institute: What are safety leading indicators? Safety+Health. Retrieved July 27, 2022, from

https://www.safetyandhealthmagazine.com/articles/138
21-the-campbell-institute-what-are-safety-leading-
indicators

Eiser, J. R., & Eiser, C. (1975). Prediction of environmental
change: Wish-fulfillment revisited. European Journal of
Social Psychology, 5(3), 315–322.
https://doi.org/10.1002/ejsp.2420050305

Beaton, C. (2017, November 13). Humans Are Bad at Predicting
Futures That Don't Benefit Them. The Atlantic.
Retrieved July 27, 2022, from
https://www.theatlantic.com/science/archive/2017/11/h
umans-are-bad-at-predicting-futures-that-dont-benefit-
them/544709/

Investopedia. (2022, May 26). A Look Into the Great Recession.
Retrieved July 27, 2022, from
https://www.investopedia.com/terms/g/great-
recession.asp#:%7E:text=Key%20Takeaways,Great%2
0Depression%20of%20the%201930s.

Vector Solutions. (2021, June 12). Preventing Workplace Fatalities
(Based on Dr. Todd Conklin's Book "Workplace
Fatalities: Failure to Predict").
https://www.vectorsolutions.com/resources/blogs/preve
nting-workplace-fatalities/

Lehrer, E. (2019). America has too many criminal laws. The Hill.

   Retrieved July 27, 2022, from

   https://thehill.com/opinion/criminal-justice/473659-

   america-has-too-many-criminal-laws/

Baker, A. (2019, April 18). An Introduction to the 5 Phases of

   HOP Integration. Safety Differently. Retrieved July 28,

   2022, from https://safetydifferently.com/an-

   introduction-to-the-5-phases-of-hop-integration/

Mitchell, M. (2022, February 25). High Performance Or

   Humanity? Leaders Must Embrace Both. Forbes.

   Retrieved July 28, 2022, from

   https://www.forbes.com/sites/forbescoachescouncil/202

   2/02/23/high-performance-or-humanity-leaders-must-

   embrace-both/?sh=646fa88238ec

Besnard, Denis & Hollnagel, Erik. (2012). Some myths about

   industrial safety.

Hendricks, D., Fell, J., Freedman, M. (2001) The Relative

   Frequency of Unsafe Driving Acts in Serious Traffic

   Crashes [Summary Report] Published Date : 2001-01-

   01 Report Number : DOT-HS-809-205;NTIS-

   PB2001104249; DOI :

   https://doi.org/10.21949/1525533

Statista. (2021, August 4). Fatality rate per 100,000 drivers
licensed in the U.S. 1990–2019. Retrieved July 29,
2022, from
https://www.statista.com/statistics/191660/fatality-rate-
per-100000-licensed-drivers-in-the-us-since-1988/

Woods, D. D., Johannesen, L. J., Cook, R. I. & Sarter, N. B.
(1994). Behind human error: Cognitive systems,
computers and hindsight. Columbus, OH: CSERIAC

ÍNDICE

A

avería, 69, 101, 114
ayuda, 104, 108
ayudas, 14, 23, 90, 93, 103-4, 112, 130

B
bajo, 109
bajo, 112
bajo, 127
barreras, 64-65
básico, 38
bien, 119
borrador, 88
buenas, 38
burocracias de seguridad infladas, 99

C
cambios, 3, 5, 38, 45, 48, 54, 104, 110-11, 122-24, 126-27, 129
caotrópico, 16
capacidad, preventiva, 96
capas, 5, 16
castigar a las personas, 39
castigar, 1, 8, 19, 25, 41-42, 94, 109, 119
castigar, 33-34
causa raíz, 64
celebraciones, 12, 19
ciego, 99
Ciencia psicológica, 80, 134, 136
Clasificación y aprendizaje de la seguridad (SCL), 136
coalface, 67, 73, 119
compañeros, 36, 92, 112
Compensación de riesgos, 79-80, 135
comportamiento de compensación de riesgos, 80
comportamiento humano, 16, 121

humano, 118

puntos de dolor, 1, 3, 25, 55-56, 58-59, 61-62, 64, 66-67, 69-73, 75-76

puntos débiles organizativos comunes, 66

puntual, 42

R

raro, 38

reacción deficiente, 71

reactancia psicológica, 44, 46, 48-49

real, 70

realidad organizativa, 56

realidad vivida, 54

realización del trabajo, 66, 70, 90-91

rebelde, 44, 46-47

reducción, 80, 96-97, 105

reentrenamiento, 19, 119

regalos, 2, 18, 76, 102, 119

registrable, 10, 100

reglas para vivir, 86

reglas que buscan, 90, 94

reglas, 14-18, 24, 30, 32-35, 40-41, 47, 51, 64-68, 86-90, 92, 94, 125

regulaciones, 86-87, 95

relación padres-hijos, 35-36

relacionados con el trabajo, 95

remojo, 30, 57-58

Rendimiento humano y organizativo (HOP), 3-9, 22-23, 27-28, 31, 39, 41-42, 48-50, 53-55, 62, 64, 83, 93-94, 100, 120-31, 134

Rendimiento humano, 97, 131, 133

repetibilidad, 57

Resiliencia, 80

resolución formal de problemas, 56

responsabilizar a las personas, 40